U0512925

新媒体艺术系列

AIGC
工具与应用

朱爱华 主编 须宗夫 副主编

学林出版社

编纂委员会

主　编：朱爱华

副主编：须宗夫

编　委：杨灏翔　陈玥伽

序

在人工智能生成内容（AIGC）技术迅猛发展的今天，艺术设计与媒体创作领域正经历着一场前所未有的变革。这场革新不仅包括创作工具和方法的更迭，还包括对创作流程的重构，对从业者素养的全新要求，以及创意表达可能性的无限拓展。AIGC技术赋予创作者突破固有桎梏、探索新型艺术形式的能力，开启了一个充满无限可能的创意新纪元。

然而，如何有效驾驭这些先进工具，并将其转化为具有实际应用价值的作品，仍然是许多创作者面临的巨大挑战。为应对这一挑战，上海视觉艺术学院于2023年率先开设AI数字艺术设计微专业，并逐步将AIGC与各专业的教育教学相融合，目前已开设了包括"AIGC工具与应用"在内的二十余门AIGC艺术设计相关课程，为培养新时代艺术设计人才奠定了坚实基础。

2024年4月，上海视觉艺术学院喜获教育部创新基金项目"'AIGC艺术设计'微专业能力建设"的批准，这进一步彰显了其在AIGC教育领域的先锋地位。作为该项目的重要成果之一，本书旨在为全国艺术设计院校提供宝贵的参考，助力其拥抱AIGC带来的时代变革，将尖端AI技术与工具融入教学实践，培养与时代发展相契合的艺术设计人才。同时，本书也将成为艺术设计从业者和AIGC艺术设计爱好者的理想入门指南，为他们开启AIGC艺术设计的奇妙旅程。

本书第一章深入浅出地介绍了AI和AIGC的核心概念与技

术原理，以为读者奠定扎实的理论基础。第二章至第五章详细探讨了当前主流的 AIGC 工具，包括 AI 绘画、AI 视频等的相关工具，不仅阐述其操作方法，更通过精选案例剖析其在实际场景中的应用策略。第六章至第八章聚焦 AI 在音乐、电商和 TVC 广告领域的创新应用，展现 AIGC 技术的多元化潜力。第九章则深入探讨了 AIGC 带来的挑战，为读者提供全面的思考视角。

　　本书的编撰过程得到了"艾门韦思"黄楚杰、梁辰顺团队的鼎力支持。同时，上海视觉艺术学院新媒体艺术学院的严睿哲、吴浩冬、殷子茜、马逸菲、张乐等为本书提供了宝贵的素材和图片支持。此外，本书的出版先后得到了学林出版社编辑陈天慧、王慧的大力支持，陈天慧前期的工作让本书的结构、体例更加严谨、规范，王慧接手工作后让本书锦上添花。书中部分品牌广告图片来自网络，作为教材教学使用。在此，我们谨向所有为本书付出努力的人员致以最诚挚的谢意。

　　《AIGC 工具与应用》不仅是一本工具书，还是一把开启未来艺术设计世界的金钥匙。它将引领读者探索 AIGC 的无限可能，激发创意灵感，重塑艺术设计的未来。无论您是学生、教育工作者，还是艺术设计从业者，这本书都将成为您在 AIGC 时代不可或缺的指南。让我们一同踏上这场激动人心的 AIGC 艺术设计之旅，共同开创艺术设计的新纪元！

朱爱华

2024 年 10 月

目　录

第一章

AI 和 AIGC 是什么

第一节　引　子

自 2021 年起，元宇宙大热。到 2024 年，虽然逐渐回归理性，元宇宙热度有所下降，但是我们每天花大量的时间在数字世界却是不争的事实。We Are Social 联合 Meltwater 发布的《2023 全球数字概览报告》(*DIGITAL 2023: GLOBAL OVERVIEW REPORT*) 显示，人们平均每天用来上网的时间（包括花费在移动设备上的时间）为 6 小时 37 分钟。2022 年 2 月，高德纳咨询公司（Gartner）预测，到 2026 年，全球 25% 的人将每天至少花 1 小时在元宇宙世界工作、购物、教育、社交或娱乐。

因此，不管我们是不是将其称为"元宇宙"，我们已然全面进入"数字的世界"。

一、AI 变革内容生产方式

那么，这些数字世界的内容从哪里来？目前，有三种方式：PGC (Professionally-generated Content，即"专业生产内容")；UGC (User-generated Content，即"用户生产内容")；AIGC (Artificial Intelligence Generated Content，即"利用人工智能技术生成内容")。

PGC 是最早的内容生产方式，即由专业机构、专业人士来创作完成。由于专业要求，PGC 往往要花费大量人力、物力、时间和金钱。比如，著名的大型多人在线角色扮演游戏（Massive Multiplayer Online Role-Playing Game, 即 MMORPG）《星球大战：旧共和国》（*Star Wars: the Old Republic*）消耗了美国艺电公司（Electronic Arts, 即 EA）超过 2 亿美元的研发资金，800 多人组成的团队耗时 6 年多才做出星球大战宇宙里的一些世界。

虽然这个例子比较极端，但是从某个侧面说明了 PGC 由于专业性要求，产能有限，无法满足元宇宙时代数字内容的巨量需求。

后来，就有"聪明人"借技术发展之势，"发明"了 UGC，即用户参与内容的生产制作。这一方面解决了产量问题，另一方面也让用户有了更好的参与度，提升了用户的黏着度。

一个典型的例子是罗布乐思（Roblox）。其之所以可以超越很多大型制作游戏成为元宇宙的代表，一个非常重要的原因就是，在其设定的世界里可以源源不断地产生新的内容和创意，而这些内容的创作者来自全球玩家，即去中心化的 UGC。

庞大的内容和玩法支撑起了罗布乐思元宇宙的无尽未知感，也提升了用户的体验沉浸感。但是这种全民创作的模式会带来品质良莠不齐的内容，而且因为都是分散式的随意创作，所以难以形成紧密和高强度的劳动协作，并不适合对品质要求极高和技术架构极为复杂的大型游戏。

所以，当进入元宇宙时代，需要巨量、高品质的数字内容的时候，PGC、UGC 其实都无法满足我们的需求。

随着人工智能（Artificial Intelligence, 即 AI）技术的不

断成熟和进化，AIGC 成了行业的选择。AIGC，也就是利用 AI 技术生成内容。通过机器学习、深度学习和自然语言处理等技术，AIGC 可以生成具有一定程度的人类智能的内容，包括文字、图像、音频和视频等。这些内容可以模仿人类的创作风格、表现，在各个领域都有广泛的应用。

也就是说，PGC、UGC 生产的主体都还是"人"。而到了 AIGC 时代，AI 可以自主生成及辅助人类生成内容，也即内容生产的主体已经不再是"人"，而是人工智能，或是由人工智能辅助。

就像从纺织工人的手工生产到蒸汽机发明后工业时代的纺织机器实现大批量生产一样，PUGC（Professional Generated Content + User Generated Content，即"专业用户生产内容"）到 AIGC 的转换，具有将生成效率提升数倍甚至数十倍的潜力，同时通过快速而高质量地实现想法进一步激发创意。

过去人们一直将 AI 用于提升现实世界的生产力，比如用于人脸识别和机器人等领域。现在 AI 越来越成为构建虚拟智能的核心技术和关键突破口，甚至让 AI 在虚拟世界里实现自我进化，促进虚拟物种的诞生。

由此可见，元宇宙时代所需的巨量高质量内容，只有完成从"人的内容创作"到"机器的内容创作／辅助创作"的转换，才能实现。如果没有 AIGC 的加持，真正的元宇宙时代是难以实现的。

二、AI 变革内容使用方式

除了数字内容的生产效率和质量的提升，AI 给元宇宙时代带来的另一重要的方面是数字内容交互方式的变革。

在 AI 的加持下，我们的现实世界中人的"肉身"与虚拟世界的"人""物""场"的交互，可以像我们在现实世界中的人与人、人与物的交互一样，直接通过自然语言、眼神、表情、肢体的接触等进行交互，从而模糊"虚拟"与"现实"的界线，实现无界面的交互——一个真正意义上的"元宇宙"。

第二节 什么是 AI

那么，究竟什么是 AI 和 AIGC 呢？

先来看一下什么是 AI。

AI 是一门研究如何使计算机模拟和执行人类智能任务的学科，它通过模拟、模仿人类智能的技术和方法，使机器具备感知、理解、学习、推理、规划和解决问题等人类智能的能力，可以自主地进行决策和执行任务。AI 的应用领域非常广泛，包括自然语言处理、图像识别、机器学习、专家系统、自动驾驶等。通过不断研究和发展，AI 正成为现代社会中的重要技术和工具，将对各个领域的发展和创新产生深远影响。

一、一些容易被误解成 AI 的系统

一些系统具备一定的智能，但是仍然不能被称为 AI。

许多自动化系统，如工业生产线上的机器人，虽然利用了先进的技术和算法，能够执行复杂的生产任务，但通常只是按照预先编制的指令执行任务，缺乏真正的智能学习能力。

语音助手如 Siri 和小爱同学虽然使用语音识别技术，在特定任务上表现出了一定的智能，但它们的理解能力主要基于规则和固定的指令，与真正的 AI 系统相比缺乏深层次的理解、推理和学习用户复杂语境的能力。真正的 AI 系统应具备更广泛的认知能力，能够在不同的任务和环境中学习和适应，而不只是在一个特定的领域或任务上执行预定的功能。因此，语音助手的语音识别最多被认为是"弱人工智能"或"狭义人工智能"，而不是我们目前认为的具备更广泛的学习和理解能力的真正的 AI。

基于简单机器学习的推荐系统也不是真正的 AI。有些推荐系统可以通过对用户以往行为数据的分析，推断用户可能喜欢的内容，在某种程度上展现了智能的特征。但这些系统通常是基于规则和固定的逻辑，缺乏深度的理解和复杂的学习能力，并没有深层次地理解和学习用户的兴趣。它们决策的深度和广度相对有限，与人类智能相去甚远。而 AI 的核心是模拟人类智能，具备学习、适应和理解的能力。因此，这些系统虽然被冠以"AI"的名号，但实际上更接近于自动化和预测性分析，并非真正意义上的 AI。

一些游戏中的对战系统可能使用基于规则的决策引擎，但它的决策和行为主要基于预定义的规则，而不是通过学习和适应来提高性能。这类系统通常被设计为通过模拟对手的行为，提供一种具有挑战性的游戏体验，但它们仍然不属于我们现在所说的 AI。

一些在线客服系统可能使用预先设定的规则和流程来回答用户的问题，这类系统也不能被称为真正意义上的 AI。

二、两个真正的 AI 的例子

让我们举两个真正的 AI 的例子。根据谷歌（Google）DeepMind 研究团队 2023 年 11 月 4 日发表的论文《AGI 的层次：在通往 AGI 道路上的操作化进展》（*Levels of AGI: Operationalizing Progress on the Path to AGI*），这两个例子是在特定领域内的最高等级的 AI。

第一个例子是"全能棋王"AlphaZero。我们知道，2016 年，AI 围棋手 AlphaGo 战胜了世界围棋冠军李世石。研发团队训练 AlphaGo 时使用了几十万局人类棋谱数据，也就是由人将之前总结的经验、知识传授给机器。因此，AlphaGo 的优势主要在于它有更强的处理能力，而不是它的"智能"。

到了 2017 年，AlphaZero 通过自我模拟（Self-Play）的方式完全从零开始，没有使用任何人类棋手的棋谱和总结的经验，只是由训练者告知它规则，指示它基于规则制订战略，让它最大限度地提高自己的胜负比。

图 1-1　2017 年底，AlphaZero 战胜当时世上最强"象棋手"Stockfish

AlphaZero 仅通过 4 小时"左右手互搏",便超越了最强国际象棋 Stockfish,8 小时便超越了李世石版的 AlphaGo。最关键的是,它超越了人类经验,运用了很多创新甚至诡异的走法,很多走法人类根本未曾考虑过。比如弃掉一些像"皇后"这种极其重要的棋子。

第二个例子是美国麻省理工学院(Massachusetts Institute of Technology,即 MIT)用于发现新型抗生素的系统。2020 年初,MIT 发布新型抗生素,其能杀灭对以往所有已知抗生素都有耐药性的细菌菌株。最有意思的是,MIT 让 AI 参与了整个研发过程,其研发过程如下:

第一步,准备"训练集":研究团队首先准备了 2000 个已知分子组成"训练集",训练集对每种物质的数据进行编码(包括原子量、所含化学键类型、抑制细菌生长的能力等)。

第二步,训练学习:AI 从这个"训练集"习得那些预期具备"抗菌能力"分子的特质。除此之外,AI 还识别出一些未经专门编码的特质,而这些特质人类尚未概念化或加以分类。

第三步,筛查:研究人员指示 AI 对包括 61000 个分子的数据库进行筛查(有美国食品药品监督管理局批准的药物,也有天然产物),以获得有以下特质的药物 —— AI 推测有效、与现有的任何抗生素不相似、AI 预测无毒性。

最后,AI 发现了 1 个符合标准的分子,研究人员为致敬经典科幻片《2001 太空漫游》(2001:A Space Odyssey),用电影里 AI 系统的名称 HAL 9000,将首个由 AI 发现的抗生素分子命名为"halicin"(海利霉素)。

第三节　AI 的简要发展历程

自 1956 年达特茅斯会议（Dartmouth Conference）提出 AI 的概念至 21 世纪 20 年代初，已有将近 70 年的历史。这几十年间，AI 从第一代（1955—1993 年）、第二代（1993—2018 年）的"弱人工智能"，到 2019 年以后的所谓"强人工智能"，经历了从传统机器学习、深度学习到大模型时代的演变。

一、传统机器学习

机器学习是 AI 的一个子集，是 AI 发展早期就提出的概念，它主要研究的是怎样使计算机不需要显式的编程，就能通过算法去模拟或实现人类学习活动。在传统机器学习研究中，有一项很重要的任务是特征工程，也即研究各种特征，这其中又包括两项任务。

其一为特征提取。特征提取是一个关键步骤，尤其在图像分类和文本情感分析任务中，机器学习模型无法直接处理原始数据，需要将其转换为特征向量。这一过程高度依赖相关领域专家的专业知识和经验，他们需根据对数据的理解，选择和构造能够代表数据本质属性的特征。例如，在识别花卉种类的任务中，颜色、形状和纹理等特征需由人工确定并转化为定量指标。

其二为模型设计。在传统机器学习中，人根据任务的需求选择合适的算法模型，并调整模型的参数和超参数。这非常依赖人对数据和问题的理解，以及对不同算法模型知识的掌握。模型设计是一

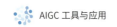

个复杂的过程，涉及人的决策和创造力。举个简单的例子，我们要让机器去学习不同种类的花，就要让人从颜色、形状、纹理等多个维度去建立模型，并研究如何用公式分别去定义颜色、形状、纹理等不同维度，从而计算出这些颜色、形状、纹理的信息。

所以，传统机器学习正是通过人的较高程度参与和指导，实现对数据的分析、特征提取和模型设计，从而实现一定程度的智能决策和任务执行的。它在结构化数据和一些特定领域内表现出色，在许多场景下水平能达到甚至超过人类专家。

但是，总的来讲，传统机器学习仍然处于"人教导机器"阶段，较高程度地依赖人的经验知识和人为设计，缺乏自主发现模式的能力，在对复杂、非线性或高维度数据的处理能力和对新情况的自适应性方面存在局限。

二、深度学习

在"人教导机器"阶段，某些任务 AI 是无法胜任的，因为人要把所有东西都教给计算机是不现实的，比如图像、语音模式识别等。

举个例子，我们要让计算机判断图 1-2 中 8×8 像素读取的手写数字图像是否为"0"。虽然人一看就知道数字图像是否为"0"，但是由于图像形状各异，难以将辨认条件用数学式来表达，要教会机器是很困难的。

于是，2006 年，深度学习之父杰弗里·E. 辛顿（Geoffrey E. Hinton）等提出深度学习的概念。简单来说，深度学习是机器学习

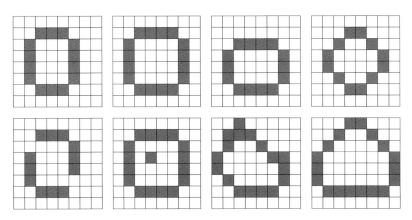

图 1-2　8×8 像素读取的手写数字图像

中的某一类方法的统称，它模仿人的神经元系统，也就是模拟人的"神经元"工作的方法，由于可以有几十甚至上百层，所以叫深度神经网络。

神经网络不仅可以处理标签数据，也可以处理无标签数据，形成一种被称为半监督学习的方式。将少量标签数据和大量无标签数据融合并进行训练：有标签的数据帮助神经网络掌握任务的基本概念，而无标签的数据帮助神经网络将学习到的知识泛化到新的实例中，使其能够在新的未知实例上表现得更好。

深度学习阶段的 AI，在很大程度上减少了对人工的依赖，并且在许多情况下无须预先设定详细的模型结构，只要由人提供数据集，便能自己基于数据集进行学习并理解，提取特征。但这并不意味着完全不需要人为干预，尤其是在数据预处理、选择合适的网络架构和调整超参数等方面，以及面对复杂任务时，专家的指导仍然至关重要。

换句话说，在传统机器学习中，人们需要耗费大量精力研究和设

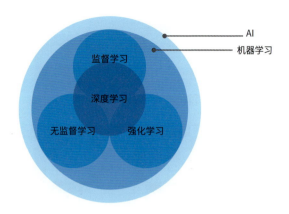

图1-3　深度学习与监督学习、无监督学习、强化学习之间的关系

计特征识别方法，而在深度学习中，只需运用特定结构的神经网络，AI 就能够自动完成特征识别。原本各异的模式识别算法在此基础上转变为统一的神经网络算法框架，拥有了统一的训练和学习流程。

以图像识别为例，深度学习中的卷积神经网络（Convolutional Neural Network，即 CNN）凭借其仿照大脑神经元分层工作机制的多层结构，能够自动从图像中抽取关键特征，如颜色、形状和纹理等。当面临猫和狗的分类任务时，深度神经网络可以通过逐层分析图像特征，逐步学会识别诸如鼻子、耳朵等更复杂的视觉线索，从而实现准确的图像分类。

因此，深度学习的核心在于针对不同任务灵活构建和优化神经网络结构，进而训练出适应各类问题的深度神经网络模型。当然，在实际应用中，有时候可通过复用已有模型结构、迁移学习或微调技术来应对新任务，而不是始终从头设计全新的网络架构。

总的来说，深度学习阶段的 AI 致力于根据具体任务定制不同的神经网络架构，并据此训练出各类深度神经网络模型。

三、注意力机制

说到这里，稍微了解一下"注意力机制"。

注意力机制是深度学习中模拟人类注意力行为的一种机制，尤其在 Transformer 模型中得以广泛应用和革新。2017 年，谷歌机器翻译团队在论文 *Attention is All You Need* 中首次提出的 Transformer 架构彻底改变了自然语言处理领域的序列建模方法。Transformer，也就是 ChatGPT 中的那个"T"。

Transformer 模型的核心就是注意力机制，这一机制使模型在处理序列时能够在全局范围内学习序列之间的依赖关系。Transformer 将输入序列分别编码为"查询""键"和"值"，然后通过计算它们之间的相似性来获得注意力分数。这些注意力分数用于对输入序列的不同位置进行加权求和，从而获取序列的表示。这种注意力机制允许 Transformer 模型在不受序列长度限制的情况下，更好地捕捉长距离依赖关系。

这正是学习了人的神经元网络的工作机制。世界上的事情千千万，但人的注意力机制会使我们放大某一些事，忽略某一些事。也就是说，神经元网络的树突接收到的信号，只有加权总和超过某个值，才会往下传递，不然就不传递。这就是人的"注意力机制"。正是这样一种"注意力机制"，人才能情绪稳定，从生物学意义上保全自己。

当然，生物神经元的作用机制远比简单的加权复杂得多。AI 的注意力机制也并不是严格模拟生物神经元树突的实际工作原理，而是受到人脑注意力机制启发的一种抽象数学模型。

Transformer 模型的出现极大地推动了自然语言处理领域的发展，并在各种任务（如机器翻译、文本生成、文本分类）中取得了显著的成果。它的架构和学习机制对于解决各种序列建模问题具有重要的启发作用，并成为现代深度学习的基础。

AI 绘画等生成式学习应用场景，也借鉴了这种注意力原理。用户可以通过调整提示词的权重来引导 AI 模型更加注重某些创作元素，例如，改变提示词在指令中的顺序或直接为提示词附加权重（如使用"：数字"的形式），模型会根据这些权重分配其对不同部分的关注度，从而按照用户的意愿生成更为精准的作品。

四、大模型时代

大模型，特别是基于深度神经网络的大模型，近年来取得了显著的进展。

给模型提供海量的数据集，让模型自己去学习，对数据特征的内在关联进行建模，称为预训练。这些数据可以是文本的，也可以是图像的、声音的，甚至可以是多模态的，比如视频。大模型训练涉及的数据、算力、参数都是巨大的，成本很高，大模型预训练一次的成本千万起步，上亿也不稀奇。

有了大模型之后，针对具体的任务，可以在大模型基础上进行相应微调训练，这样成本就能指数级降低。比如我们可以在 Stable Diffusion 的大模型基础上，训练它的 LoRA（Low-Rank Adaptation，即"低秩适应"）模型，用一些特定的图片集对 LoRA 进行训练，使它成为该类特定图片的"小模型"。也可以在大语言

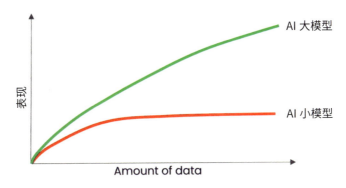

图 1-4　2010—2020：大模型监督学习表现

模型基础上，用某些专业领域的知识进行训练，使其形成该特定专业领域的专业模型。

五、AI 发展中的其他大事件

第一个大事件是 GAN（Generative Adversarial Networks，即"生成式对抗网络"）的提出。2014 年，伊恩·古德费洛（Ian Goodfellow）提出 GAN，这种网络通过两个神经网络（程序"生成器 Generator"和"判别器 Discriminator"）的竞争，生成了极为逼真的图像、音频、文本等内容，极大地推动了 AIGC 的发展。

GAN 有三个不足：其一，对输出结果的控制力较弱，容易产生随机图像；其二，生成的图像分辨率较低；其三，GAN 需用判别器来判断生产图像是否与其他图像属同类别，导致生成的图像是对现有作品的模仿，而非创新。因此依托 GAN 模型难以创作出新图像，

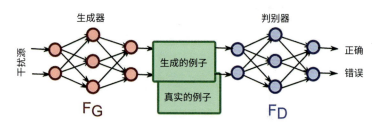

图 1-5　生成式对抗网络示意图

也不能通过文字提示生成新图像。

　　第二个大事件是 CAN（Creative Adversarial Networks，即"创造性对抗网络"）的提出。2017 年，脸书（Facebook）的人工智能研究部联合罗格斯大学（Rutgers University）计算机科学实验室和查尔斯顿学院（College of Charleston）艺术史系合作得到新模型：CAN。CAN 尝试输出一些像是艺术家作品的图画，它们是独一无二的，而不是现存艺术作品的仿品。于是，研究人员组织了一场图灵测试（The Turing test），结果 53% 的观众认为 CAN 模型的 AI 艺术作品出自人类之手，这在历史上类似的图灵测试中首次突破半数。

　　第三个大事件是扩散模型（Diffusion Model）的提出。扩散模型最早在 2015 年提出，其目的是消除对训练图像连续应用的高斯噪声，可以将其视为一系列去噪自编码器。2020 年提出的去噪扩散概率模型（Denoising Diffusion Probabilistic Models，即 DDPM）使得采用扩散模型进行图像生成开始变成主流。

　　简单来说，扩散模型就是用逐步增加了噪点的图片对 AI 进行训练。AI 在使用这种方法对数以亿计的图片文本进行学习之后，开始生成图片，即一步一步去噪。第一步去噪生成的图片作为第二

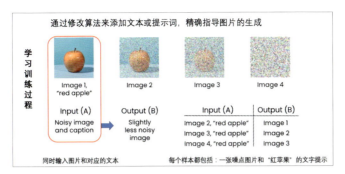

图 1-6　基于扩散模型的学习训练过程
[引自：吴恩达 "面向所有人的生成式 AI"（Generative AI for Everyone）课程]

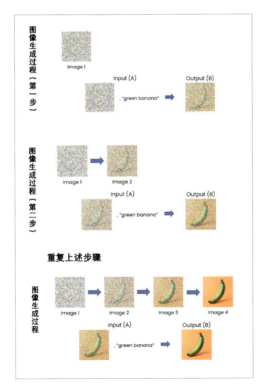

图 1-7　基于扩散模型的图片生成过程
[引自：吴恩达 "面向所有人的生成式 AI"（Generative AI for Everyone）课程]

步生成的输入，以此类推，最后完成图片的生成。

第四个大事件是 2021 年 1 月，OpenAI 团队开源了新的深度学习模型 CLIP（Contrastive Language-Image Pre-training，即"对比语言—图像预训练"），一个先进的图像分类人工智能。

CLIP 训练 AI 同时做了两件事情，一件是自然语言理解，另一件是计算机视觉分析。它被设计成一个有特定用途的能力强大的工具，那就是做通用的图像分类。CLIP 可以决定图像和文字提示的对应程度，比如把猫的图像和"猫"这个词完全匹配起来。

CLIP 模型的训练过程，简单来说，就是使用已经标注好的"文字—图像"训练数据，一方面对文字进行模型训练，另一方面对图像进行另一个模型的训练，不断调整两个模型的内部参数，使得模型分别输出的文字特征值和图像特征值能让对应的"文字—图像"经过简单验证确认匹配。

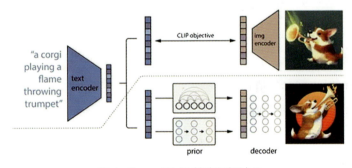

图 1-8　unCLIP 的高级概述 *

---

* 虚线以上描述了 CLIP 的训练过程：文本编码器将输入文本转化为文本嵌入向量，图像编码器将图像转化为图像嵌入向量，通过联合训练使文本和图像嵌入在联合空间中对齐。

虚线以下描述了文本到图像的生成过程：CLIP 文本嵌入被输入先验模型（如自回归模型或扩散模型的先验部分）中，以生成图像嵌入；然后，该图像嵌入用于指导扩散解码器生成最终的图像。需要注意，在训练先验模型和解码器时，CLIP 模型是冻结的。

其实，之前也有人尝试过训练"文字—图像"匹配的模型，但CLIP 最大的不同是，它收集了 40 亿个"文字—图像"训练数据！通过海量的数据，再砸入让人咂舌的昂贵训练时间，CLIP 模型终于修成正果。那这么多的"文字—图像"标记是谁做的呢？要知道，40 亿个训

图 1-9　DALL-E 绘制的狐狸

练数据如果都需要人工来标记图像相关文字，那时间成本和人力成本都是天价。CLIP 用的正是散布在互联网上的图片。互联网上的图片一般都带有各种文本描述，比如标题、注释，甚至用户打的标签等，这就天然地成了可用的训练样本。用这个特别机灵的方式，CLIP 的训练过程完全避免了最昂贵费时的人工标注，或者说，全世界的互联网用户已经提前做了标注工作了。

同年年初，基于 CLIP，OpenAI 发布了广受关注的 DALL-E 系统，但其 AI 绘画的水平一般。图 1-9 是 DALL-E 绘制的一只狐狸，勉强可以辨别。但值得注意的是，到了 DALL-E 这里，AI 开始拥有一个重要的能力，那就是可以按照文字输入提示来进行创作。

CLIP 开源发布几天后，一些机器学习工程师就意识到，这个模型可以用来做更多的事情。比如瑞安·默多克（Ryan Murdock）想出了如何把其他 AI 连接到 CLIP 上，打造一个 AI 图像生成器。他在接受采访时说："我在把玩它几天后，意识到我可以生成图像。"

最终他选择了 BigGAN，一个 GAN 模型的变种，并将代码在Colab 平台上进行发布，命名为 The Big Sleep。

随后，计算机数据科学家凯瑟琳·克罗森（Katherine Crowson）在此基础上发布了 CLIP + VQGAN 的版本和教程，这个版本通过推特（Twitter）被广为转发传播，引起了 AI 研究界和爱好者们的高度关注。

在之前，类似 VQ-GAN 这样的生成工具在用大量图像进行训练后，可以合成类似的新图像，然而，GANs 类型的模型本身并不能通过文字提示生成新图像，也不擅长创作全新的图像内容。

而把 CLIP 嫁接到 GAN 上去生成图像，思路倒也简单明了：既然利用 CLIP 可以计算出任意一串文字和哪些图像特征值相匹配，那只要把这个匹配验证过程链接到负责生成图像的 AI 模型（比如这里是 VQ-GAN），负责生成图像的模型反过来推导一个产生合适图像特征值，并产生一个能通过匹配验证的图像，不就得到一幅符合文字描述的作品了吗？

有人认为 CLIP + VQGAN 是自 2015 年 Deep Dream 以来人工智能艺术领域最大的创新。而美妙的是，CLIP + VQGAN 对任何想使用它们的人来说都是现成的。按照凯瑟琳·克罗森的线上教程和 Colab 平台上的笔记，任何一个略懂技术的用户都可以在几分钟内运行该系统。

有意思的是，在同一个时间（2021 年初），开源发布 CLIP 的 OpenAI 团队也发布了自己的图像生成引擎 DALL-E。DALL-E 内部也使用了 CLIP，但 DALL-E 并不开源。

所以论社区影响力和贡献，DALL-E 完全不能和 CLIP + VQGAN 的开源发布相比，当然，开源 CLIP 已经是 OpenAI 对社区做出的巨大贡献了。

第五个大事件是 2022 年 3 月，当时最大规模开源跨模态数据库 LAION-5B 的开放。

LAION 是一个全球性的非营利机器学习研究机构，于 2022 年 3 月开放了当前最大规模的开源跨模态数据库 LAION-5B，包含接近 60 亿（5.85 Billion）个图片—文本对，可以用来训练所有从文字到图像的生成模型，也可以用来训练 CLIP 这种用于给文本和图像的匹配程度打分的模型，而这两者都是现在 AI 图像生成模型的核心。

除了提供以上海量训练素材库，LAION 还训练 AI 根据艺术感和视觉美感，给 LAION-5B 里的图片打分，并把得高分的图片归入一个叫 LAION-Aesthetics 的子集。事实上，最新的 AI 绘画模型包括随后提到的 Stable Diffusion 都是利用 LAION-Aesthetics 这个高质量数据集训练出来的。

CLIP + VQGAN 引领了全新一代 AI 图像生成技术的风潮，现在所有的开源 TTI（Text to Image，即"文本生成图像"）模型的简介里都会对凯瑟琳·克罗森致谢，她是当之无愧的全新一代 AI 绘画模型的奠基者。

技术玩家们围绕着 CLIP + VQGAN 开始形成社区，不断有人对代码进行优化改进，还有推特账号专门收集和发布 AI 画作。最早的践行者瑞安·默多克还因此被招募进了奥多比系统公司（Adobe Systems Incorporated）担任机器学习算法工程师。

不过这一波 AI 作画浪潮的"玩家"主要还是 AI 技术爱好者。

尽管和本地部署 AI 开发环境相比，在 Colab 平台上运行 CLIP + VQGAN 的门槛还比较低，但毕竟在 Colab 申请 GPU 运行代码并调用 AI 输出图片，时不时还要处理一下代码报错，这不是大众化人群特别是没有技术背景的艺术创作者们可以做的。而这也正是现在 Midjourney 这类零门槛的傻瓜式 AI 付费创作服务大放光彩的原因。

激动人心的进展到这里远未结束。细心的读者会注意到，CLIP + VQGAN 这个强力组合是 2021 年初发布并在小圈子传播的，但 AI 绘画的大众化关注则是自 2022 年初开始，由 Disco Diffusion 这个线上服务引爆的。这里还隔着大半年的时间，是什么耽搁了呢？

一个原因是 CLIP + VQGAN 模型用到的图像生成部分，即 GAN 类模型的生成结果始终不尽如人意。

说到这里，不得不提由现代人工智能领域强化学习（Reinforcement Learning）鼻祖理查德·萨顿（Rich Sutton）教授在 2019 年 3 月 13 日提出的"人工智能发展史中的苦涩教训"。以下是原文：

The Bitter Lesson

Rich Sutton

March 13，2019

the biggest lesson that can be read from 70 years of AI research is that general methods that leverage computation are ultimately the most effective，and by a large margin. The ultimate reason for this is Moore's law or rather its generalization of exponentially falling cost per unit of computation.

The actual contents of minds are tremendously，irredeemably

complex; we should stop trying to find ways to think about the contents of minds，such as simple ways to think about space，objects，multiple agents，or symmetries. All these are part of the arbitrary，intrinsically-complex outside world. They are not what should be built in，as their complexity is endless; instead，we should build in only the meta-methods that can find and capture this arbitrary complexity. Essential to these methods is that they can find good approximations，but the search for them should not be by our methods，not by us. We want AI agents that can discover like we can，not which contain what have discovered. Building in our discoveries only makes it harder to see how the discovery process can be done.

从中，我们可以总结出"近 70 年的 AI 研究告诉我们的两个重要教训"：

首先，利用计算的通用方法是最有效的，这归功于摩尔定律的指数级下降成本。

其次，人的思维内容的复杂性是无止境的，我们无法简化它。因此，不应该试图寻找简单的思考方式，而应该构建"元方法"以捕获任意复杂性。AI 代理应该像人类一样发现，而不是包含人类发现的内容。

也就是说，借用指数级下降的算力成本，我们应该采用通用的"元方法"，让 AI 学会人的"学习方法"，而不是把人类已经掌握的知识教给 AI，这也是真正的 AI 应该做到的。

六、一些概念及其相互关系

除了上述的传统机器学习、深度学习、大模型时代之外，我们还经常听到监督学习、无监督学习，以及生成式人工智能之类的概念，在此有必要再做些澄清。

监督学习是机器学习的一种，2010—2020 年是大规模监督学习的黄金期。监督学习通过已知输入和输出的样本数据来建立模型，让算法学会输入与输出之间的映射关系，由此用于预测未知输入的输出，比如让计算机根据输入 A 生成相对应的输出 B。

监督学习的核心原理是通过训练数据集来构建一个模型，该模型能够将输入数据映射到相应的输出。训练数据集通常由输入特征和对应的输出标签对组成。其过程可以分为两个阶段：训练阶段和预测阶段。在训练阶段，模型根据训练数据集进行学习和调整，以找到最佳的参数和规则。在预测阶段，模型使用已学习到的参数和

输入 A ➡ 输出 B

Supervised learning (labeling things)

Input (A)	Output (B)	Application
Email	Spam? (0/1)	Spam filtering
Ad, user info	Click? (0/1)	Online advertising
Image, radar info	Position of other cars	Self-driving car
X-ray image	Diagnosis	Healthcare
Image of phone	Defect? (0/1)	Visual inspection
Audio recording	Text transcript	Speech recognition
Restaurant reviews	Sentiment (pos/neg)	Reputation monitoring

图 1-10　监督学习的一些例子

规则来预测新的输入数据的输出。

监督学习的优点是能够利用已知的输入和输出数据进行准确的预测和分类。此外，监督学习还可以通过调整模型的参数和规则来提高预测的准确性。在 AI 领域，监督学习是极为重要的工具，非常擅长对各种事物进行分类和标注。然而，监督学习的缺点是需要大量的标记数据来进行训练，而且对输入数据的特征提取和选择也需要一定的人工干预。

无监督学习是一种从没有标签的数据中发现隐藏的模式和结构的机器学习方法。与监督学习不同，无监督学习没有预定义的输出标签，而是通过对数据的统计分析和聚类来发现数据的内在规律。

无监督学习的核心原理是通过对数据聚类、降维和关联规则的挖掘等方法来发现数据的隐藏结构。聚类是将数据分成不同的组或簇，使同一组内的数据相似度较高，不同组之间的数据相似度较低；降维是将高维数据映射到低维空间，以便更好地理解和可视化数据；关联规则挖掘是发现数据中的相关性和关联性，以便进行推

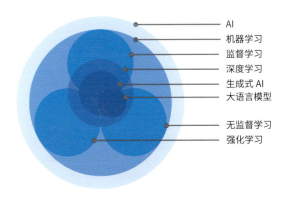

图 1-11　不同术语之间的关系

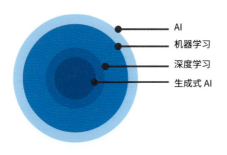

图 1-12 AI、机器学习、深度学习和
生成式 AI 的关系

荐和预测等任务。

无监督学习的优点是能够从无标签数据中发现隐藏的模式和结构，为进一步数据分析和挖掘提供基础。此外，无监督学习还可以发现数据中的异常和离群点。然而，无监督学习的缺点是结果的解释性较差，需要进一步的人工干预和领域知识来解释和利用发现的模式和结构。

生成式人工智能（Generative Artificial Intelligence，即 GAI）是深度学习的一类应用，它意味着使用人工神经网络，可以通过监督、无监督和半监督方法处理标签数据和无标签数据。

总的来说，机器学习是一个大的概念，其中包括了传统机器学习以及深度学习等不同算法。

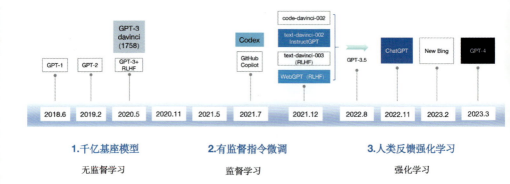

图 1-13 GPT 训练中的无监督学习、监督学习和强化学习
（图片来源：清华智谱团队）

而生成式 AI 是深度学习的一种应用，深度学习综合地应用了无监督学习、监督学习以及强化学习。例如：OpenAI 的 GPT，就是先采用无监督学习的方法学习了网络上的大量语料，形成一个千亿基座模型；随后再通过监督学习的方法进行指令微调；最后再由人类对 GPT 的回答进行反馈强化学习。

七、应用上的发展历程

2012 年，AI 的三大核心要素（算力、算法、数据）的发展路径终于汇合了（图 1-14）。

这一年，在 AIGC 领域里是具有里程碑意义的 —— 深度学习算法在图像分类任务中取得了突破，并且由机器首次生成了一张猫脸。当时谷歌的两位专家吴恩达（Andrew Ng）和杰夫·迪恩（Jeff Dean）做了一场试验，指导计算机画出猫脸图片。他们使用

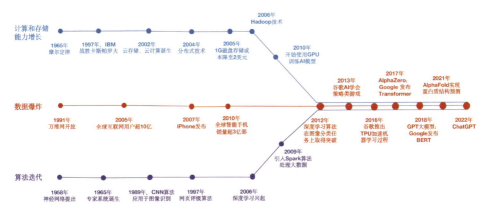

图 1-14　AI 三大核心要素（算力、算法、数据）在 2012 年汇合了

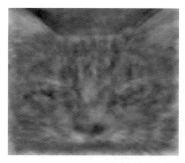

图 1-15　谷歌之猫　　　　图 1-16　世界摄影史上第一张照片
　　　　　　　　　　　　　　　　　　　（摄于 1826 年）

当时最大的深度学习网络，用了来自油管（YouTube）上的 1000 万张猫脸图片，用 1.6 万个 CPU 整整训练了 3 天，生成了一张猫脸（图 1-15）。

虽然这张猫脸非常模糊，却令人想起 1826 年摄影史上的第一张照片《Le Gras 窗外的景色》（图 1-16）——尽管这个结果和这个模型的训练效率都不值一提，但却是一次具有里程碑意义的突破，它正式开启了深度学习模型支持的 AI 绘画这个"全新"研究方向。

2017 年，基于 GAN 的 Pix2Pix 风格迁移绘画工具诞生。Pix2Pix 风格迁移绘画工具，处理的是 Image-to-image translation 的任务，也就是说输入和输出是来自两个不同集合（分别假设为 A 和 B）的图片，一般认为它们有对应关系。

比如输入黑白照片（A）输出彩色照片（B）；输入轮廓照片（A）输出色彩填充照片（B）等（图 1-17）。

2018 年，法国巴黎艺术团体 Obvious 的三位年轻人采用了 GAN 进行绘画创作。GAN 能通过学习大量人类画作来生成作品。Obvious 团队用了 15000 幅 14—20 世纪的肖像画进行数据训

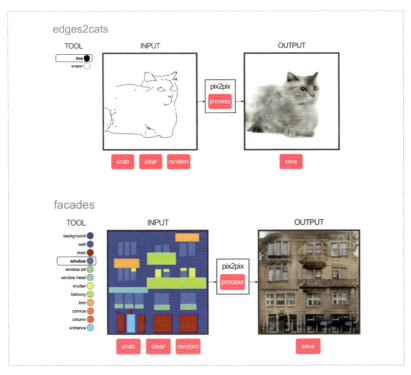

图 1-17　Pix2Pix 的输入输出

图 1-18　埃德蒙·贝拉米与其肖像画合影

图 1-19 *Electric Dreams of Ukiyo*
浮世绘 AI 作品

练，并通过训练创作出了一系列人物肖像油画，其中一幅名为《埃德蒙·贝拉米》（*Edmond Belamy*）的肖像画在佳士得拍卖行拍卖，拍得 43.25 万美元高价（约合 300 万元人民币）。

次年，Obvious 团队开始探索用 AI 创作日本传统艺术"浮世绘"。浮世绘的工艺比较复杂，Obvious 团队邀请了日本浮世绘大师进行合作，听取艺术家的意见来建立浮世绘的数据库，尽可能追求画面的多样性，然后向人工智能算法输入这些数据。从技术上来说，浮世绘的生成过程和此前的《埃德蒙·贝拉米》是类似的。他们于 6 月 17 日发布了系列名为 *Electric Dreams of Ukiyo* 的 22 幅浮世绘 AI 作品，展现了日本 1780—1880 年间的社会风貌。

2022 年 3 月，著名的 Midjourney 上线了。该团队一共 11 人，其中研发人员 8 名，8 名研发人员中还有 4 名是实习生。

随后，Midjourney 一路进化，从四五月份处于商业化初期只擅长抽象之美，到七八月份开始展现无与伦比的迭代进化速度，从抽象美到逻辑美，进化明显。到了当年 8 月，Midjourney 已经可以驾驭一些逻辑性比较强的画法了。

2022 年 8 月，Stable Diffusion 上线。Stable Diffusion 的核心技术源于 Runway 团队的帕特里克 - 埃塞尔（Patrick Esser）和慕尼黑大学的罗宾 - 隆巴赫（Robin Rombach）在 IEEE 国际计算机视觉与模式识别会议（IEEE Conference on Computer Vision

图 1-20　Midjourney 不同版本所生成的图像

and Panttern Recognition，即 CVPR）上合作发表的潜扩散模型
（Latent Diffusion Model）。Stable Diffusion 完全免费开源，
所有代码均在 GitHub 上公开。

　　开源驱动二次元社区产生高质量的 AI 模型，以 NovelAI 为突
出代表，从此大批量二次元模型开始兴起。

　　随后，AI 绘画、AI 视频各类工具不断涌现，版本迭代也不断
加快。包括：DALL-E3、Runway、即梦、可灵、Pika、PixVerse、
Vidu、Luma、海螺、Sora 等。

第四节　AIGC 的主流工具与应用场景

一、什么是 AIGC

什么是 AIGC 呢？

　　我们在第一节中其实已经有了大致介绍，AIGC 全称 Artificial
Intelligence Generated Content，也即利用 AI 技术生成内容。

AIGC 基于预训练大模型、GAN 等 AI 技术，利用已有数据找到规律，并通过适当的泛化能力生成相关内容。其中包括狭义和广义的 AIGC。

狭义的 AIGC 主要关注直接生成可感知的媒体内容，如图像、文本、音频和视频等，与合成媒体（Synthetic Media）和生成式人工智能（GAI）的概念相吻合，也就是说利用 AI 技术创造原本需要人工创作的多媒体内容。

而在广义层面上，除了包含狭义的多媒体内容生成之外，还包括其他类型的数据或实体的生成，比如：

策略生成：在游戏 AI（Game AI）中，AI 能够自动生成游戏策略，比如棋类游戏的走法、复杂电子游戏中的角色行为逻辑等。

代码生成：如 GitHub Copilot 这样的 AI 辅助编程工具，能够根据程序员的注释或部分代码片段自动生成完整的代码段或函数，极大地提升开发效率。

蛋白质结构生成：在生物信息学领域，AI 可以预测或设计蛋白质的三维结构，这对于药物发现、生物工程等领域具有重要意义。

二、AIGC 的主流工具

那么，AIGC 现在有哪些主流工具，又有哪些具体的应用场景呢？

首先来看 AIGC 当前的主流工具。

（一）AI 绘画

AI 绘画工具能够通过自然语言，也就是我们常说的"提示词"

（Prompt）生成图片。提示词包括图片的类型、内容、风格、光线、视角、布局等。

当前，主流的 AI 绘画工具有 Midjourney、Stable Diffusion、DALL-E 3 及文心一言等，还有很多，就不一一列举了。

目前，AI 绘画已基本达到商用水准，可以极大帮助从业者释放想象力和创作力，提升数字内容创作及其创意设计的生产力。

当然，AI 绘画目前还存在一些局限性，详见本书第二、三章开篇。

（二）AI 视频

AI 视频与 AI 绘画类似，可以通过提示词生成视频。

AI 视频分为两类：

一类是纯粹的 AI 生成视频，换句话说就是"无中生有"的 AI 视频生成。主流工具包括：DALL-E 3、Runway、即梦、可灵、Pika、Pixverse、Vidu、Luma、海螺、Sora 等。

另一类是用 AI 对实拍的视频进行风格的转换，称为"视频转绘"，或是在已有视频中用 AI 增加一些特效。当前主流工具包括 Stable Diffusion 的插件 AnimateDiff、Deforum。前者的使用相对比较简单，后者需要对每一帧画面进行提示词描述，并可以修改摄像机以及帧间的运动参数。

虽然 AI 视频工具还存在一定程度的"抽盲盒"性质，但行业里已有不少优秀的作品呈现。2023 年底，由 300 位 AIGC 爱好者组成的团队举办的 AI 春晚，获得了行业和媒体的普遍关注，包括上海视觉艺术学院 AI 数字艺术设计微专业的学生作品《丹青创天》在内的部分节目还获得了央视网的青睐，成为央视网的上架节目。

（三）AI 声音

AI 声音技术包括 AI 作曲、AI 配音、AI 声音克隆等，工具有 AIVA、Suno、Udio、Stable Audio、so-vits-svc 等。

AIGC 在音乐创作方面也具有潜力。它可以通过学习大量的音乐作品，包括不同风格作曲家的作品，来生成新的音乐作品。例如，在古典音乐领域，AIGC 可以学习莫扎特（Mozart）、贝多芬（Beethoven）和巴赫（Bach）等作曲家的作品，学习这些作曲家的音乐结构、和声规则和创作风格，理解他们的音乐语言，并应用这些知识创作出具有古典音乐特征的曲调、旋律、和弦进行和节奏，生成新的古典音乐作品。这为音乐家提供了一种探索新风格、创造新乐章和拓展音乐创作领域的方式。

此外，AIGC 还可以与人类音乐家合作，提供创作灵感和音乐素材。它可以生成音乐片段、和弦进行或音乐主题，并由音乐家进行进一步的创作和演奏。

例如，当一个音乐家遇到创作难题或需要新的创作灵感时，AIGC 可以生成一些初始的音乐片段或和弦进行，作为创作的基础。音乐家可以利用这些片段来发展和扩展他们的音乐创作，并将其融入自己的作品中。这种与 AIGC 的合作创作可以带来新的音乐观点和创新。

（四）AI 数字人

AI 数字人是应用 AI 技术的虚拟人物。这其中包括：利用 AI 生成数字人形象；通过语言识别、语音合成、表情和嘴型驱动，以及基于大语言模型和专属模型的 AI 大脑，使数字人具备相应的知识储备及与人类进行智能对话的能力，使其能够理解用户问题并提供个性化的回答和服务。

常用工具软件有 HeyGen、DID、EMO 等。

（五）AI 3D 模型

目前，AI 技术在 3D 模型领域的应用还处于初级阶段，一些 AI 工具虽然可以帮助用户快速生成基本形状的 3D 模型，但在复杂性和真实感方面还存在一定的局限性，有比较大的改进空间。

目前的 AI 3D 模型有：LumaAI、TripoAI、Meshy、SudoAI 和 CSM 等。

（六）大语言模型

尽管并不是所有的大语言模型（Large Language Model，即 LLM）都是生成式 AI，但它们的使用方式和用途基本类似，因此姑且将其放在此处进行讨论。

以下以 OpenAI 的 GPT 为例进行阐述。

GPT 的应用基本上可以分成两类。

其一为基于网络界面的应用。包括：

提供一种信息检索的新方式。不过，由于 LLM 的幻觉现象，检索结果在对准确答案的依赖性较高时，需要用权威的来源对其进行核实。

作为思考助手或头脑风暴的小伙伴帮助梳理思路。比如：优化文案；提供一些思考的灵感；为新创作的艺术装置作品或是宠物起一个名字；再或者是为提高新产品的销量提供很多有价值的参考意见，但需要自己去评估其可行性。

写故事的助手。目前而言，LLM 虽达不到非常优秀甚至伟大作者的水平，但是作为一种快捷有趣的娱乐方式，已经不错了。

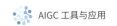

翻译助手。在翻译任务上，LLM 不仅能与专业的翻译软件相媲美，甚至有时效果更好。但是，对于一些小语种，由于网上的资料比较少，LLM 的表现就稍逊一筹。

方案撰写助手。需要给 LLM 提供足够的背景和上下文，在写提示词的过程中，不需要一次就把提示词写得很完美，而是可以根据 LLM 的回答，逐步完善提示词，给 LLM 更多信息。

快速阅读大量文本并提取信息。比如快速提取长篇报道、学术论文的主要观点。

其二为集成到软件中的应用，也就是基于大语言模型的接口开发相关的应用。比如：借助大语言模型的"阅读能力"，对呼叫中心（Call Center）的对话进行分析，并自动提取摘要。

很多公司还在开发大量擅长回答某一特定领域问题的专业机器人，有些可以提供咨询建议（如法律咨询、金融咨询、美食咨询等），有些是与自动化软件系统相连接的，可以进行一些实际的操作，比如处理订单。

此外，还有用于 AI 办公、AI 高清修复等的工具。

三、AIGC 的主要应用场景

目前 AIGC 的主要应用场景基本上可以分成两类。

一类是数字内容的创作。

比如在影视和动画创作中，它可以用于剧本创作、角色设计、特效生成和场景生成等任务。

在剧本创作方面，AIGC 可以学习大量的电影剧本和文学作品，然后生成新的剧本或故事大纲。它可以通过理解情节结构、角色发展和对话风格，生成具有连贯性和吸引力的剧本。这为编剧提供了一个激发灵感和故事构思的工具。

在角色设计方面，AIGC 可以生成虚拟角色的外观、特征和个性。它可以学习不同类型的角色，包括人类、动物和幻想生物，并生成新的角色设计。AIGC 可以考虑角色的外貌、服装、姿势和表情，以及与故事和情节的相关性。这为动画师、游戏开发者和电影制片人提供了创作角色的灵感。

在特效生成方面，AIGC 可以学习不同类型的视觉特效和动画技术，并生成新的特效。它可以模拟自然现象、人工效果和虚构场景，并生成逼真的视觉效果。这对于影视制作和动画制作来说非常有用，可以提供更丰富、更引人注目的视觉效果。

此外，AIGC 还可以生成虚拟场景和背景，为影视制作和动画制作提供创作素材。它可以学习不同类型的场景，例如城市、森林、宇宙等，并生成新的场景设计。AIGC 可以考虑光照、纹理、细节和氛围等因素，创造出逼真的虚拟场景。

另一类是概念设计，比如建筑设计、室内设计、工业设计、快消设计、文创设计、产品设计、包装设计、服装设计等。它为艺术家、设计师、音乐家和创作者提供了激发灵感、辅助创作的工具。

然而，需要注意的是，尽管 AIGC 在艺术创作中具有潜力，但人类的创造力和艺术性仍然是不可替代的，AIGC 只能作为一个工具和辅助手段来支持和增强人类的创作过程。

此外，AIGC 始终只是一个内容创作工具，它只有融入业务生产流程，与业务相结合，才能产生价值和作用，为业务赋能。

四、AIGC 的局限性

前面已经说了，AIGC 只是一个工具，它不是万能的。而且，就当前而言，AIGC 还存在一些比较大的局限性。

大语言模型的第一个局限是知识截止时间。用于训练的数据集是有截止时间的，比如：2023 年 11 月发布的 GPT4 Turbo 知识截止时间是 2023 年 4 月。

大语言模型的第二个局限是幻觉。《纽约时报》曾报道过一个令人尴尬的法庭听证案例：有位律师使用 ChatGPT 生成了一份法律文件并提交给了法庭，且自己没有意识到这是一份充满虚构案例的文件。由于提交了含有虚构内容的文件，这位律师遭到了惩罚。

大语言模型的第三个局限是输入输出的文本长度限制。比如 GPT-4 Turbo，它可输入 128K 的上下文，相当于 10 万个汉字。

大语言模型的第四个局限是不擅长处理结构化数据。大语言模型不擅长处理结构化数据（比如 Excel 表的数据），而更擅长处理文本、图像、音频、视频等内容。

大语言模型的第五个局限是偏见（Bias and Toxicity）。由于 LLM 是用互联网上的数据进行训练的，所以可能会映射出现实社会中的偏见，有时甚至会指导人做出不良甚至非法的行为。

此外，AIGC 在 AI 绘画方面也存在局限性，主要体现在精准控制方面，尤其是要在现实世界中实现的设计，比如工业设计、产品设计、包装设计、服装设计、建筑设计等。AI 绘画目前只能用于概念设计。

练 习

1. AIGC 相较于 PGC 和 UGC，在内容创作上的核心优势是什么？

2. AI 发展的历程中，深度学习相比于传统机器学习带来了哪些革命性的变化？

3. 目前 AIGC 主流工具有哪些？

4. AIGC 在数字内容创作中，如何结合人类创意与技术优势，实现协同创新？

第二章

AIGC 的使用方法：绘画（一）*

---

* AIGC 的工具有很多，本章主要介绍 AI 绘画工具 Midjourney 及其使用方法。

第一节　Midjourney 概述

Midjourney 是 Midjourney 公司开发的一款 AI 绘画工具，最早是基于 Discord 社区来使用的，现在也可以在官网直接使用。相比 Stable Diffusion、DALL-E 等同类 AI 绘画工具而言，其具有以下优点：

- 艺术感方面表现出色。Midjourney 生成的图像在艺术感和审美质量上普遍比较出色，尤其擅长生成梦幻、超现实主义风格的作品，给人以强烈的视觉冲击。很多艺术家、设计师将其作为创作灵感的来源。

- 细节表现丰富。即使在高分辨率下，Midjourney 生成的图像也能保持细节的丰富程度，毛发、纹理等微小元素都能得到展现。

- 操作简单更上手。主要通过 Discord 服务器提供服务，用户在聊天界面用简单的命令就能控制图像生成，十分便捷。

- 社区活跃。由于其在 Discord 社区使用，围绕 Midjourney 形成了活跃的用户社区，用户可以在其中分享作品、讨论技巧，由此共同推动其进化。

但是，Midjourney 也存在一些缺点：

- 可控性与精确度有限。尽管生成的图像质量高，但

Midjourney在图像的精确控制上仍有局限，有时需要反复调整提示词，多次"抽卡"，才能得到理想结果。对于需要精细控制的设计任务，这可能是一个挑战。尤其是在处理较复杂的场景描述时，生成的图像可能与期望有一定差距。

● 生成速度一般。受限于服务器性能，Midjourney的图像生成速度比本地运行的工具如Stable Diffusion要慢，高分辨率图像可能需要等待数分钟。

● 内容策略保守。为规避潜在的法律和伦理风险，Midjourney对生成内容有较多限制，禁止生成敏感内容的图像。

● 成本相对较高。作为一款付费工具，Midjourney的使用成本可能会高于某些开源或免费的AI绘图工具，这限制了部分潜在用户的尝试。

第二节　Midjourney 的基础使用

一、使用准备

Midjourney 主要在 Discord 社区的频道中进行使用，也就是通过给 Discord 频道内的 Midjourney 聊天机器人发送对应文本，聊天机器人返回对应的图片。所以要使用 Midjourney，先要完成一些准备工作。

图 2-1　注册 Discord 账号

第一步，注册 Discord 账号。进入网站（网址：https://discord.com），依次完成"注册—填写信息—完成"的步骤，然后在邮箱里找到验证登录链接，验证（如果邮箱里打不开，就在浏览器中打开验证链接）。

需要注意：Midjourney 仅限 18 岁及以上用户使用，设置出生日期时应注意。建议使用 Gmail 邮箱，更方便接收邮件。

第二步，开通 Midjourney 会员。

打开 Midjourney 官网，登录 Midjourney 账户，进入订阅中心（也可以在 Discord 频道输入框输入"/subscribe"，点击，再回车）。选择需要订阅的会员计划，选择月支付或是年支付，进入支付页面，选择信用卡支付，然后进入下一步。查看页面，填写购买发货的虚拟信用卡卡号、有效期、CVV 码等信息，核对付款金额和地址信息，点击"订阅"按钮，即可成功开通。充值完成可关闭自动续费，防止下个月自动续费（回到充值订阅选择界面点击"管理"，取消计划）。

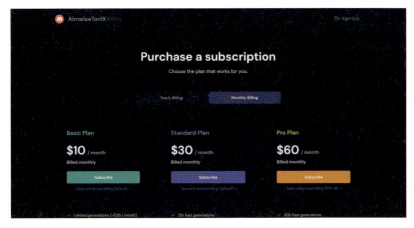

图 2-2　开通 Midjourney 会员

第三步，登录 Discord，进入主页，创建个人服务器。Discord 支持网页版、客户端、App 多端使用，可以根据自己的情况进入，笔者认为客户端比较方便。

网页版网址：https://Discord.com/app。

客户端下载网址：https://discord.com/download。

进入 Discord 并登录个人账户后，点击左边的"+"号添加服务器，选择"亲自创建"，选择"仅供我和我的朋友使用"，输入自定义的服务器名称，点击"创建"。

图 2-3　创建个人服务器

第四步，添加 Midjourney Bot 到个人服务器。

将 Midjourney Bot 添加到自己的服务器，相当于建了一个只有你和它的群聊。做法如下：

首先，点击 Midjourney 的 Logo 先回到 Midjourney 的服务，然后在任意群组里找到带有 Midjourney Logo 的"Midjourney Bot"机器人头像，单击头像，选择"添加 APP/ 服务器"。

其次，选择新建的个人服务器，随后点击"继续"。

最后，点击"授权"，完成将 Midjourney Bot 添加到自己的服务器的步骤。随后就可以通过 Midjourney Bot 进行绘图等指令的发送。

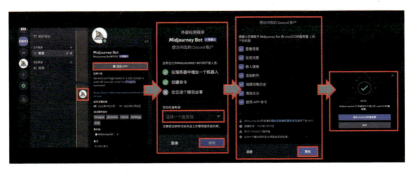

图 2-4　添加 Midjourney Bot 到个人服务器（方法一）

如果找不到 Midjourney 的 Logo，也可以进入新建的个人服务器，会出现图 2-5 第一张截图界面，按上述方法操作即可添加 Midjourney Bot 到自己的服务器。

图 2-5　添加 Midjourney Bot 到个人服务器（方法二）

二、基础用法

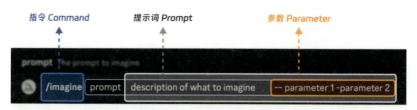

图 2-6　Midjourney Bot 的基础语法组成

（一）基础指令 Imagine

在对话框中输入"/imagine"并加空格，在 prompt 后输入提示词（如：a laughing girl），点击回车，系统就会生成对应的图片。

图 2-7　输入"imagine"指示

图 2-8 中的 Un、Vn，分别代表放大器 U（Upscalers）和变体 V（Variations）。其中 U1、U2、U3、U4 分别代表了显示的 4 张图；点击其中一个按钮，系统会推送对应图片，如图 2-9 所示。

图 2-8　尝试生成图片

图 2-9　点击"U4"，单独推送第四张图

新推送的单独图片下面会出现三类工具：

第一类工具：创建变体。

变体也可以直接在原始生成的 4 张图片下面点击对应图片的 V1—V4 来实现。

图 2-10　点击"Vary（Strong）"后，在原图基础上生成 4 张变化较大的图片

图 2-11　点击"Vary（Subtle）"后，在原图基础上生成 4 张细微变化的图片

图2-12 点击"Vary（Region）"后，可以手工涂抹觉得不满意的地方，
重新生成4张图片

第二类工具：质量升级工具。

Upscale（2X）：图片分辨率放大2倍。

Upscale（4X）：图片分辨率放大4倍。

第三类工具：扩图工具。

Zoom Out 可以实现图片的画布填充（Out Painting）功能，
提供1.5倍、2.0倍扩图。

Midjourney 同时提供自定义的放大倍数（1.0—2.0倍之间）。

图2-13 图片的1.5倍及2.0倍扩图

图 2-14　图片的自定义倍数扩图

（二）混合指令 Blend

Blend 命令允许快速上传 2—5 张图像，并将它们合并成一个新颖的新图像。

操作步骤如图 2-15：在对话框中输入"/blend"指令，同时上传两张图片（或更多），再将上传的图片融合成一张。注意，在 Blend 指令下，提示词描述不会起作用。

（三）反推提示词指令 Describe

Describe 允许上传一张图，Midjourney 会返回 4 个相关的提示词，可以用

图 2-15　用香水和骷髅融合生成的图

图 2-16　反推提示词指令 Describe 操作方法

给出的提示词再度生成图片（可以点击任意一个进行生图，也可以点击"Imagine all"一次性全部生成）。操作步骤如图 2-16。

（四）以图绘图

可以通过垫图片加关键词的方式绘制新图片：

第一步，点击对话框左边"+"上传一张参考图，点击回车发送。

第二步，单击图片后，右键选择"复制图片地址"。

第三步，输入"/imagine"指令，粘贴刚才的图片链接，后面加上提示词，发送，如图 2-17 所示。

图 2-17　以图绘图操作方法

（五）Seed 值的控制

Seed 是所生成图片的种子。可以通过 Seed，让相同的人物做出不同的表情、动作，甚至看到他们在不同年龄阶段的样子。

如何获取图片的 Seed 值？

第一步，找到图片，生成信封标记。

操作方法：点击"右键—添加反应—显示更多—输入 envelope"搜索邮件图标。

图 2-18　找到图片生成信封标记

第二步，点击私信消息，在 Midjourney 私聊中获取 Seed。

图 2-19　在 Midjourney 私聊中获取 Seed

第三步，用 Seed 值控制图片的生成。

使用以下语法指定要生成的图像种子值：/imagine[description]--Seed（value）。

可以使用任何想要创建所需图像的描述，描述基本采用原图的提示词，只修改需要替代的部分的提示词，并将"（value）"替换为原图的种子值。

案例：将女生的白 T 恤、牛仔裤换成红色裙子，如图 2-20。

图 2-20　换装操作方法示例

第三节　其他指令与参数

一、Shorten prompt（精简提示词）

过长提示词会削减关键词在出图中的权重，可以通过 Shorten 对它进行精简，并显示不同关键词在其中的权重百分比。

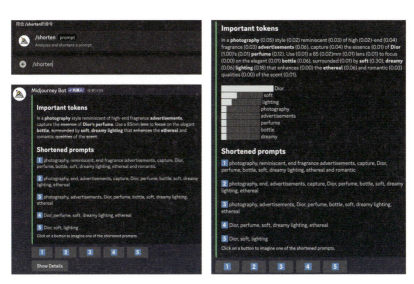

图 2-21　Shorten prompt 的使用示意图

二、Setting（设置）

设置和预设，用户输入的每个提示都会使用这些选择。

如图 2-22 所示：第一行规定用哪个模型；第二行规定风格化程度；第三行规定高变体 / 低变体模式；第四行规定输出模式。

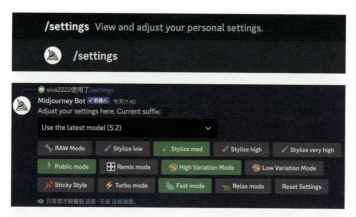

图 2-22　Midjourney V 5.2 模型中的 Setting

风格化（Stylize）主要影响 Midjourney 的默认美学风格应用于图片的强弱程度。该选项可以用于提高图像的艺术性，即 Stylize 数值变高时，真实性降低，艺术性升高。风格化低模式下生成的图像比较简单，而风格化高模式下的图像添加了更多细节，更生动，更具艺术性。

可以用 Setting 设置来调整；也可以直接在提示词中指定 Stylize 参数的数值，也就是在提示词后面加 "--stylize（或 --s）" 和对应的数值。当数值高于 250 时，可以看到图像构图发生了显著的变化，添加了更多元素和环境来补充主题，艺术性逐渐增强，如图 2-23 所示。

Setting 设置中的 Stylize 选项与 Stylize 数值对应关系如下：

Stylize low：将风格化值设置为 50，生成的图片与提示词会非常匹配，但艺术性不高。

Stylize med：将风格化值设置为默认值 100，增加了艺术性。

Stylize high：将风格化值设置为 250，生成的图片有比较高

a laughing girl —stylize 50   a laughing girl —stylize 100

a laughing girl —stylize 500   a laughing girl —stylize 1000

图 2-23　不同 stylize 参数值下的图片示例

的艺术性，但与提示词的关联相对会减少。

　　Stylize very high：将风格化值设置为 750，艺术性最高，关联性最小。

表 2-1　不同的 Midjourney 版本模型具有不同的风格化范围

	版本 5	版本 4	版本 3	测试	niji
程式化默认	100	100	2500	2500	不支持
程式化范围	0—1000	0—1000	625—60000	1250—5000	不支持

Raw Mode，即生图模式，此模式下生成的图片如图2-24所示，Raw模式下的图片更接近真实。

a laughing girl --style raw　　　　　a laughing girl (--s 100)

图 2-24　Raw 模式的图片示例对比

Public mode 是公开模式，生成的图可能被其他账户看到。非60美元/月套餐的用户只能选择该模式。对应的 Stealth mode 是秘密模式，但仅限60美元/月套餐用户使用。

Fast mode 为快速模式，生成图片速度比较快。不同的套餐，对 Fast Mode 生成图片的数量有不同的限额。Relax mode 为低速模式，生成图片的速度比较慢。

High Variation Mode 和 Low Variation Mode 可以用来规定 Midjourney 生成的4张图的差异性。High 模式下差异性大，Low 模式下差异性小。这个也可以通过在提示词最后加"--chaos n"（n 为具体数值）来实现。

Remix mode 是通过改写已经生成图片的文本提示词、后缀参数等生成新图片，而这种新图片采用原图片的构图，并帮助更改图

图 2-25　Remix 使用方法

像的设置或灯光以及主体调整。

我们在图片产生变体时，对经过放大后的图片"Make Variations"，就可调用"Remix Prompt"，即提示词改编。

Remix mode 可用于绘画的局部重绘（详见本章第四节）。

三、Info 命令

Info 命令主要用于查看自己的基本信息，如订阅状况、设置的模式等。

四、基本参数

对话框中不仅可以输入关键词，还可以输入后缀（参数）来调整图片。

"--aspect"或"--ar"规定图片的宽高尺寸，如"--ar 16：9"代表生成 16：9 尺寸的图片。要注意参数和取值之前的空格，下同。

"--q"代表输出高质量的图片，如"--q 0.5"。

"--iw"代表相对于文本权重的图像提示权重，"--iw 0.5"即

图片的相对权重为0.5。取值范围为0.5—2，使用"--iw"的前提是使用图生图。

"--chaos"代表"混乱"，即四宫格的4张图之间的差异性。"--chaos〈number 0—100〉"规定结果的多样性，较高的值会产生更多不寻常和意外的效果。

"::"用于对权重进行设置，如图2-26所示：

a laughing girl::0.5 girl　　　　a laughing girl::2 girl

图 2-26　不同关键词权重的生成效果

"--tile"代表平铺图像，用于生成纹理或类似拼贴画的效果等。

图 2-27　纹理或拼贴画效果的图片

"--size"代表图片尺寸，如"--size 500"表示生成的图片尺寸是 500×500。

"--video"代表录制生成图片的过程，但仅限用于四宫格初始图。

"--no"为负面提示，如"--no plants"表示会尝试从图像中移除植物。

"--stop 〈integer between 10—100〉"意为在某百分比的流程中途完成作业。以较早的百分比停止作业会产生更模糊、更不详细的结果。

表 2-2　不同参数的设置范围和默认值

	Aspect Ratio	Chaos	Quality	Seed	Stop	Style	Stylize
Default Value	1：1	0	1	Random	100	4c	100
Range	1：2—2：1	0—100	0.25 0.5 1 or 2	whole numbers 0—4294967295	10—100	4a, 4b, or 4c	0—1000

第四节　进阶使用

一、风格控制

使用"--sref"参数进行风格控制。

在提示词后加上"--sref"和一个参考图像的链接，Midjourney 会把参考图像作为"风格参考"，并尝试制作出与其风

格或美学匹配的作品。但要注意，这种方法只适用于Midjourney
V6和Niji V6版本。

图2-28　使用左图的风格生成右图

高阶用法（一）：可以使用多个图片链接，让Midjourney同
时参考。参数为"--sref urlA urlB urlC"时，还能设置每张图
的权重，如"--sref urlA::2 urlB::3 urlC::5"。

图2-29　使用左边两图的风格生成右图

高阶用法（二）：可以通过"--sw"设置整体风格化的强度，
默认为100，关闭为0，最大为1000，如"--sw100"。

图 2-30　不同 sw 权重下生成的图

二、角色一致性控制

（一）用 "--cref" 参数进行控制

用 "--cref" 参数进行控制时，公式为 "imagine + 提示词 +
--cref + URL（角色参考图的 URL 链接）"，如图 2-31 中的提示词。
可以使用 "--cw" 将引用强度从 100 修改为 0；强度为 100（--cw
100）时，人物的面部、头发和衣服与原图基本保持一致；强度
为 0（--cw 0）时，人物的一致性只会集中在面部（适合换装 /
换发型等）。

使用 "--cref" 参数的注意点：

第一，使用由 Midjourney 制作的角色图像时效果最佳，真人
照片不适用且可能会扭曲。

第二，精度有限，不会精确复制酒窝、雀斑或 T 恤标志，可尝

The girl wears a camouflage uniform, Holding a submachine gun, [The submachine gun loosened its muzzle to the front]::2 , The look of being ready to shoot at any time, With a wolfdog, Walking in the forest, Alert and afraid, Fullcolor, close-up --cref https://s.mj.run/0PRwLKI38kE --cw 10

图 2-31　以左边图中的人物角色生成右图

试使用提示词来锚定缺失的细节。

　　第三，角色属性中显著的标志性特征效果良好，如：蓝绿色卷曲头发、粉红色太阳镜、及膝风衣、绿色背包。

　　第四，对角色属性中细小的细节效果展现不佳，如：一条银色吊坠项链，上面有八个小金字塔形宝石；一件左袖缺失的皮夹克，背后写着"ZOOM"。

　　一个画布上放置多个角色时，需要将"--cref"参数和 Pan（扩图）结合起来控制角色一致性。操作步骤如下：

　　第一步，确保在 Remix mode 和 High Variation Mode 下。

　　第二步，选择包含第二个字符的图像，使用"U"将其从网格中分离出来。

　　第三步，寻找蓝色小箭头，在现有图像中添加一个新图像，选择新角色的前进方向并输入提示词及其"--cref"参数，缝合一张新的画布。

图 2-32　用①②图中的人物角色生成图③

第四步，添加角色参考图像，并选择一个"--cw"（cref 权重）以达到效果。

注意：设置画布以描绘两个人的开场提示。

（二）一次性生成多种姿态、样式的图

通过 N panels with different poses、N panels with continuous doing、Capture three snapshots of、character sheet 等提示词一次性生成多种姿态、样式的图。

案例一：

4 panels with different poses, blind box style, cute little girl with cat ears hat, full body, look at the camera, Pop Mart, octane rendering, ultra details, edge lighting, chibi, the best quality, HD,

图 2-33　案例一生成的图

图 2-34　案例二生成的图

图 2-35　案例三生成的图

C 4D, chiaroscuro, 8K --ar 1∶1.

案例二：

4 panels with continuous dancing, blind box style, cute little girl with cat ears hat, full body, look at the camera, Pop Mart, octane rendering, ultra details, edge lighting, chibi, the best quality, HD, C 4D, chiaroscuro, 8K --ar 1∶1.

案例三：

4 panels with continuous shooting, random film stills of DreamWorks Animation, cute Chinese girl with lovely rabbit, in the style of romantic soft focus and ethereal light, study 3D game art --ar 9∶16.

案例四：

Capture three snapshots of a long-haired girl in a photography style reminiscent of casual portraiture. In the first snapshot, she wears a red long skirt; in the second, a white T-shirt and denim jeans; and in the third, a sky blue shirt and black midi skirt. Utilize natural lighting to accentuate the simplicity and authenticity of her appearance, highlighting the carefree charm of her casual attire.

图 2-36　案例四生成的图

（三）在 Remix 模式下进行局部重绘

在 Remix 模式下，点击"Vary（Region）"，并对提示词进行微调，如下所示。

案例：在 Remix 模式下进行局部重绘，给模特换装。

第一步，生成模特。

第二步，选择 Remix 模式，点击"Vary（Region）"。

第三步，输入图案的链接和提示词，圈画需要替换的地方，提交。

第四步，填入上述图片地址链接和提示词，如果因图案变化太大而不满意输出的结果，可以获取替代图片的 Seed 值，并将其写在提示词最后。

生成图片如图 2-39：

图 2-37　生成的模特

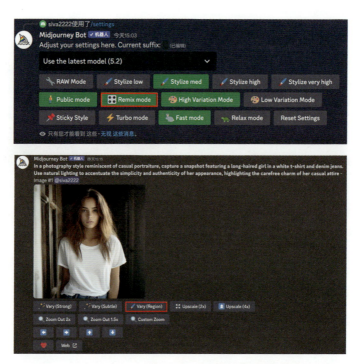

图 2-38　在 Remix 模式下，点击"Vary（Region）"

过程图片

最终生成图片

图 2-39　生成图片

第五节　提示词的撰写技巧

提示词的基本框架可以从客观描述、风格细节、基础设定三个方面入手。

一、客观描述

客观描述主要描述你希望 AI 生成的是什么图，图里的主要内容是什么。包括：你想要的是照片、素描、油画（photo/sketch painting/oil painting）或是其他什么；你想要什么内容，人物、动物或是风景（person/animal/landscape）；主体是长发还是短发，脸型、配饰、衣服、表情如何；主体在做什么，在走路、奔跑或是跳跃等；场景如何。

表 2-3　场景提示词举例

Galaxy —— 银河	Dungeon —— 黑暗地牢
Nebula —— 星云	Hanging Gardens of Babylon —— 巴比伦空中花园
Meadow —— 草原草地	Overgrown Nature —— 杂草丛生的
Post Apocalyptic —— 后启示录、末日后	Castle in the Sky —— 天空之城
Mythical World —— 神话世界	Outer Space —— 外太空
Magical Forest —— 魔幻森林	Ancient Temple —— 古代神庙
Volcanic Eruption —— 火山喷发	Futuristic Robots —— 未来机器人
Giant Machines —— 巨大机器	Cyberpunk Street —— 赛博朋克街道
Mystic Temple —— 神秘寺庙	Ancient Ruins —— 古代遗迹
Desert Oasis —— 沙漠绿洲	Lunar Colony —— 月球殖民地

Steam - Powered Machinery ——蒸汽动力机械	Abandoned Spaceship ——废弃宇宙飞船
Underworld ——冥界	Neon City ——霓虹城市
Alien Planet ——外星球	Futuristic Park ——未来公园
Post - Apocalyptic World ——后启示录世界	Magical Kingdom ——魔法王国
Dystopian Landscape ——反乌托邦景观	Dark Forest ——黑暗森林
Lunar Landscape ——月球景观	Neon City ——霓虹城市
Steampunk Factory ——蒸汽朋克工厂	Apocalyptic City ——世界末日城市
Apocalypse Ruins ——末日废墟	Star Wars ——星球大战
Time Travel Cityscape ——时光穿越城市	Robot factory ——机器人工厂
Cyber Jungle ——赛博朋克丛林	Mystic Mountain ——神秘山脉
Ice Cave ——冰洞穴	Lost Ruins ——迷失废墟
Ice kingdom ——冰雪王国	Tropical Paradise ——热带天堂
Post - Apocalyptic Wasteland ——后启示录荒野	Steampunk Cityscape ——蒸汽朋克城市
Fantasy Village ——奇幻村庄	Futuristic Transportation ——未来交通工具
Floating City ——浮空城市	Red Planet ——火星
Futuristic Laboratory ——未来实验室	Space Station ——太空站
Haunted Mansion ——幽灵庄园	Digital Cityscape ——数字城市
Pirate Island ——海盗岛屿	Cyberpunk Alley ——暴走机甲小巷
Starry Night ——星空夜景	Gothic Cathedral ——哥特式大教堂
Digital Universe ——数字宇宙	Surreal Dreamland ——超现实梦境
Spaceship ——宇宙飞船	Cliff ——悬崖峭壁
Extraterrestrial Landscape ——外星地貌	Surreal Landscape ——超现实主义风景
Medieval Castle ——中世纪城堡	Crystal Cave ——水晶洞穴
Giant Architecture ——巨大建筑	Aurora Borealis ——极光北极
Mystical Forest ——神秘森林	Sky Island ——天空岛屿
Crystal Palace ——水晶宫殿	Desolate Desert ——荒漠孤烟
Sunken Shipwreck ——沉船遗迹	Cactus Desert ——仙人掌沙漠
Rainy City ——雨天城市	Mushroom Forest ——蘑菇森林
Fairy Tale Castle ——童话城堡	Mysterious Tomb ——神秘古墓

（续表）

Fantasy —— 幻想	Classroom —— 教室
Whimsically —— 异想天开	Bedroom —— 卧室
Forest —— 森林	Ruins —— 废墟
City —— 城市	Deserted City Buildings —— 废弃城市建筑群
Near Future City —— 近未来都市	Street Scenery —— 街景
Alchemy Laboratory —— 炼金室	Universe / Cosmos —— 宇宙
Rain —— 雨天	in the Morning Mist —— 在晨雾中
Full of Sunlight —— 充满阳光	Underwater World —— 水下世界
Futuristic Metropolis —— 未来都市	Enchanted Garden —— 魔法花园
Magical Castle —— 魔法城堡	Dreamy Clouds —— 梦幻云彩
Industrial Cityscape —— 工业城市	Cyberpunk City —— 赛博朋克城市
Dystopian Future —— 反乌托邦未来	Haunted Forest —— 鬼屋森林
Mars Exploration —— 火星探险	Enchanted Forest —— 魔法森林
Technological City —— 科技城市	Romantic Town —— 浪漫小镇

二、风格细节

风格细节也就是需要怎样的艺术风格、视角等。

表 2-4　风格提示词举例

Partial Anatomy —— 局部解剖	Color Ink on Paper —— 彩墨纸本
Doodle —— 涂鸦	Voynich Manuscript —— 伏尼契手稿
Realistic —— 真实的	3D —— 3D 风格
Sophisticated —— 复杂的	Photoreal —— 真实感
National Geographic —— 国家地理	Hyperrealism —— 超写实主义
Cinematic —— 电影般的	Architectural Sketching —— 建筑素描
Symmetrical Portrait —— 对称肖像	Clear Facial Features —— 清晰的面部特征
Interior Design —— 室内设计	Weapon Design —— 武器设计
Renaissance —— 文艺复兴	Fauvism —— 野兽派

（续表）

Cubism —— 立体派	Abstract Art —— 抽象表现主义
Surrealism —— 超现实主义	Op Art / Optical Art —— 欧普艺术 / 光效应艺术
Victorian —— 维多利亚时代	Futuristic —— 未来主义
Minimalist —— 极简主义	Miyazaki Hayao Style —— 宫崎骏风格
Vincent van Gogh —— 凡·高	Leonardo da Vinci —— 达·芬奇
Manga —— 漫画	Pointillism —— 点彩派
Pixar Trending —— 皮克斯风格	Brutalist —— 粗犷主义
Tomokazu Matsuyama —— 松山智一（生成的画面具有独特的魔幻风格，常用于动漫人物及场景）	Watercolor Children's Illustration —— 水彩儿童插画
Constructivist —— 建构主义	Warframe —— 星际战甲
BOTW —— 旷野之息	Clay Material —— 黏土材质
Pokemon —— 宝可梦	APEX —— Apex 英雄
From Software —— 魂系游戏	Ink Render —— 墨水渲染
Ethnic Art —— 民族艺术	Retro Dark Vintage —— 黑暗复古
Tradition Chinese Ink Painting Style —— 国风	Steampunk —— 蒸汽朋克
Film Photography —— 电影摄影风格	Concept Art —— 概念艺术
Montage —— 剪辑	Full Details —— 充满细节
Gothic Gloomy —— 哥特式黑暗	Realism —— 写实主义
Black And White —— 黑白	Unity Creations —— 统一创作
Baroque —— 巴洛克时期	Impressionism —— 印象派
Poster of Japanese Graphic Design —— 日本海报风格	Game Scene Graph —— 游戏场景图
League of Legends —— 英雄联盟	Jojo's Bizarre Adventure —— Jojo 的奇妙冒险
Makoto Shinkai —— 新海诚	Soejima Shigenori —— 副岛成记
Yamada Akihiro —— 山田章博	Munashichi —— 六七质
Pixel Art —— 像素艺术	Ghibli Studio —— 吉卜力风格
Stained Glass Window —— 彩色玻璃窗	Ink Illustration —— 水墨插图
Pop Mart Blind Box —— 泡泡玛特风格	

表 2-5　视角提示词举例

Two - Point Perspective —— 两点透视	Three - Point Perspective —— 三点透视
Portrait —— 肖像	Elevation Perspective —— 立面透视

（续表）

Ultra Wide Shot ——超广角镜头	Rule of Thirds Composition ——三分法构图
A Cross - Section View of（a Walnut）——（核桃）的横截面图	Two Shot（2S）/ Three Shot（3S）/ Group Shot（GS）——两景（2S）/ 三景（3S）/ 群景（GS）
In Focus ——焦点对准	Depth of Field（DOF）——景深（DOF）
Wide - Angle View ——广角镜头	Canon 5d,fujifilmxt 100, Sony Alpha ——相机型号
Close - Up（CU）——特写	Medium Close - Up（MCU）——中特写
Medium Shot（MS）——中景	Symmetrical Face ——对称的脸
Chest Shot（MCU）——胸部以上	Waist Shot（WS）——腰部以上
Knee Shot（KS）——膝盖以上	Full Length Shot（FLS）——全身
Long Shot（LS）——远景，人占 3/4	Extra Long Shot（ELS）——人在远方
Big Close - Up（BCU）——头部以上	Face Shot（VCU）——脸部特写
Mandala ——曼荼罗构图	Headshot ——特写
Macroshot ——微距拍摄	An Expansive View of ——广阔的视野
Profile ——侧面	Diagonal Composition ——对角线构图
Horizontal Composition ——水平构图	Asymmetrical Composition ——不对称构图
Centered Composition ——中心构图	Contrasting Composition ——对比构图
Golden Ratio ——黄金分割	Proportional ——比例适宜
Symmetrical Body ——对称的身体	A bird's - Eye View，Aerial View ——鸟瞰图
Top View ——顶视图	Tilt - Shift ——倾斜移位
Satellite View ——卫星视图	Bottom View ——底视图
Front，Side，Rear View ——前视图 / 侧视图 / 后视图	Product View ——产品视图
Extreme Closeup View ——极端特写视图	Look Up ——仰视
First - Person View ——第一人称视角	Isometric View ——等距视图
Microscopic View ——微观	Super Side Angle ——超侧角
Third - Person Perspective ——第三人称视角	Medium Long Shot（MLS）——中远景
Knee Shot（KS）——膝景（KS）	over the Shoulder Shot ——过肩景
Loose Shot ——松散景	Tight Shot ——近距离景
Cinematic Shot ——电影镜头	Scenery Shot ——风景照
Bokeh ——背景虚化	Foreground ——前景
Background ——背景	Detail Shot（ECU）——细节镜头（ECU）
Symmetrical ——对称的	S - Shaped Composition ——S 型构图
Symmetrical the Composition ——对称构图	

三、基础设定

基础设定包括光线、细节质感、图片比例等。

表 2-6　光线提示词举例

Brutal —— 粗犷质感	Dramatic Contrast —— 强烈对比的
Dramatic Light —— 戏剧光效	Volumetric Lighting —— 体积照明
Octane Render ——OC 渲染效果	Unreal Engine 5 —— 虚幻引擎 UE5 渲染
Vray ——V-ray 渲染效果	Shadow Effect —— 阴影效果
Reflection Effect —— 反射特效	Projection Effect —— 投影效果
Glow Effect —— 发光效果	Romantic Candlelight —— 浪漫烛光
Elctric Flash —— 闪电效果	Misty Foggy —— 雾霭效果
Intense Backlight —— 强光逆光	Shimmering Light —— 粼光效果
Cold Light —— 冷光	Warm Light —— 暖光
Color Light —— 彩色光	Cyberpunk Light —— 赛博朋克光
Rembrandt Light —— 伦勃朗光	Reflection Light —— 反射光
Mapping Light —— 投影贴图	Mood Lighting —— 氛围照明
Atmospheric Lighting —— 大气光照	Volumetric Lighting —— 体积照明
Mood Lighting —— 氛围照明	Soft Light —— 柔软的光线
Soft Illuminaotion —— 柔光照明	Edge Light —— 边缘光
Back Light —— 逆光	Hard Light —— 硬光
Bright —— 明亮的光线	Top Light —— 顶光
Rim Light —— 轮廓光	Morning Light —— 晨光
Sun Light —— 太阳光	Golden Hour Light —— 黄金时刻光
Dreamy haze —— 梦幻光晕	Stark Shadows —— 明暗分明
Moody Darkness —— 黑暗氛围	Vibrant Color —— 鲜艳色彩
Harsh Contrast —— 高对比度	Ethereal Mist —— 空灵雾效
Warm Glow —— 温暖光辉	Moody Atmosphere —— 情绪化氛围
Soft Moonlight —— 柔和月光	Fluorescent Lighting —— 荧光
Rays of Shimmering Light —— 光射线	Crepuscular Ray —— 云隙光
Outer Space View —— 太空视角布光	Natural Light —— 自然光
Bisexual Lighting —— 双色布光	Raking Light —— 掠射光

（续表）

Split Lighting —— 分割布光	Front Lighting —— 正面光
Back Lighting —— 逆光	Clean Background Trending —— 纯净背景
Neon Cold Lighting —— 霓虹冷光	Global Illuminations —— 全局照明
Cinematic Light —— 电影感布光	Moody —— 暗黑的
Happy —— 明快色调	Dark —— 黑暗的
Studio Light —— 影棚照明	Stark Shadows —— 锐利阴影
Moody Darkness —— 暗调氛围	Vibrant Color —— 高饱和色彩
Harsh Contrast —— 高对比度	Serene Calm —— 安静恬淡
Bright Highlights —— 明亮高光	Twinkling Stars —— 闪耀星空
Soft Candlelight —— 柔和烛光	Sultry Glow —— 暧昧光晕
Beautiful Lighting —— 美学照明	

四、辅助工具

使用者可以利用 Moonvy · 月维网站（网址：https://moonvy.com/apps/ops/）等进行提示词的辅助编辑。

网站提供了关于提示词的一些辅助选项，用户可以直接点击进行选择。

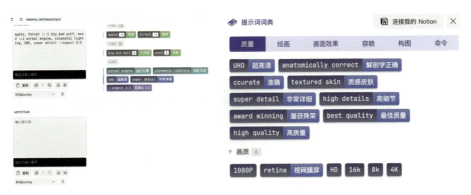

图 2-40 Moonvy · 月维网站界面　　图 2-41 Moonvy · 月维网站提示词词典界面

1. 选择一个节日主题，使用 Midjourney 生成系列海报。

2. 选择一种喜欢的艺术风格，使用 Midjourney 的风格一致性功能，生成十二生肖的拟人形象设计。

3. 生成一个喜欢的人物形象，并利用 Midjourney 工具，以该人物形象为基础，创作出二十四节气中的四个节气的插图。要求：人物形象与插图风格需保持一致。

4. 生成一个喜欢的模特，使用局部重绘功能，生成该模特穿着不同服装的系列图片。

5. 找一款喜欢的香水／化妆品／电子产品，使用局部重绘功能，生成这款产品设计广告图。

第三章

AIGC 的使用方法：绘画（二）[*]

---

[*] 本章主要介绍 Stable Diffusion 及其使用方法。

第一节　Stable Diffusion 概述

Stable Diffusion 是 Stability AI 公司开发的 AI 绘画工具，和 Midjourney 在社区使用的方式不同，Stable Diffusion 一般采用本地安装部署的方式。

Stable Diffusion 相比 Midjourney、DALL-E 等同类 AI 绘画工具的主要优势在于：

● 开源与可定制。Stable Diffusion 作为一个开源项目，允许用户根据自身需求修改和优化模型，这为使用者和技术爱好者提供了极大的灵活性，使得他们能够在基础模型上开发出更多定制化的功能和应用。

● 成本低。由于可以本地部署，用户在使用 Stable Diffusion 时可极大节省使用成本，尤其是在大规模应用或频繁使用的情况下，能显著降低成本。

● 隐私保护性强。本地部署意味着用户可以在自己的服务器上处理数据，这对有严格数据安全和隐私要求的机构或个人来说尤为重要。

● 可以不受限制地访问。用户不必依赖外部服务的可用性或访问权限，可以随时使用，这对需要稳定持续产出的项目来说尤其重要。

Stable Diffusion 的缺点在于：

● 技术门槛高。本地部署和维护一个复杂的 AI 模型需要一定的技术知识和资源，这对"技术小白"来说可能会构成一定障碍，增加了用户使用前的学习成本和操作难度。

● 硬件要求高。本地部署需要强大的计算资源，包括高端 GPU 等硬件，这对普通用户来说可能是一大开销，且不是所有用户都具备这样的硬件条件。

● 更新滞后。相比于云服务提供的即时更新，本地部署可能需要用户手动监控并应用模型的最新升级，可能导致功能更新不够及时。

● 责任与安全风险高。本地部署意味着所有数据管理、安全维护的责任都落在用户身上，一旦出现安全漏洞或误操作，可能造成数据丢失或被非法访问的风险。

总的来说，Stable Diffusion 通过其开源特性和本地部署能力，为用户提供了一种灵活、成本低且注重隐私的 AI 绘画解决方案，但同时也要求用户具备相应的技术能力和资源来克服部署和维护上的难度。

第二节　Stable Diffusion 的本地部署

Stable Diffusion 整合包 V4.10 以上的版本下载到本地后可以直接使用。

如果下载的是 V3 及之前的版本，可以按照以下方法进行本地部署：

第一步，安装 Python。在 Python 官网（网址：https://www.python.org/downloads/）下载，建议下载 3.10.10 版本。

打开安装界面，注意将"Add Python to PATH"选项勾上，然后选择自定义安装。点击"Win + R"，输入"cmd"，在打开界面命令行中输入"Python -V"，显示 Python 3.10.10 就表示安装成功。

第二步，安装 Git。在 Git 官网（网址：https://git-scm.com/downloads）下载文件。单击鼠标右键，点击"Git Bash Here"，输入指令"git clone https://github.com/AUTOMATIC1111/stable-diffusion-webui.git"。

第三步，运行 Stable Diffusion。双击文件夹中的"webui-user.bat"安装完成。安装过程中可能出现如下的问题：

问题一：安装过程中出现报错代码（AssertionError:Torch is not able to use GPU; add --skip-torch-cuda-test to COMMANDLINE_ARGS variable to disable the...）

处理方法：编辑 webui-user.bat 界面，输入"COMMANDLINE_ARGS= --lowvram --precision full --no-half --skip-torch-cuda-test"。

问题二：无法克隆仓库的依赖包。

找到项目下的仓库文件夹"repositories"，右击鼠标进入命令终端窗口。

依次执行如下命令：输入"git clone https://github.com/

Stability-AI/stablediffusion.git"；输入"git clone https://github.com/CompVis/taming-transformers.git"；输入"git clone https://github.com/crowsonkb/k-diffusion.git"；输入"git clone https://github.com/sczhou/CodeFormer.git"；输入"git clone https://github.com/salesforce/BLIP.git"。

如果出现"http://127.0.0.1:7860"，直接访问即可。

第三节　Stable Diffusion 各类模型概述

Stable diffusion 的模型包括：CheckPoint 大模型、LoRA 模型、VAE 模型，还有比较早期的 Textual Inversion（也叫 Embedding 模型）、Hypernetworks（也叫"超网"）。本节重点介绍 CheckPoint 大模型、VAE 模型、LoRA 模型。

一、模型格式和放置位置

CheckPoint，即模型文件，主要有两个格式：ckpt 和 safetensors。目前，由于 ckpt 格式存在潜在的安全风险，一般推荐使用 safetensors。然而，具体使用哪种格式，还需根据实际需求和安全评估来决定，但一般情况下，选择任一格式并遵循相应的安全措施即可。

模型文件有很多大小，一般分为 2G、4G、7G、8G，如果低于

1G，比如 200M、800M，那说明这个文件不是模型而是 LoRA 或者 VAE（Variational Anto-Encoder，即"变分自编码器"）。不同大小的同一模型在质量上的差别基本可以忽略不计，除非是用于模型训练，否则使用小的即可。

模型放置路径：*\models\Stable-diffusion。

VAE 即变分自编码器，其作用是修正最终输出的图片色彩，如果不加载 VAE，可能会出现图片色彩偏灰的情况。设置路径：设置—Stable Diffusion—模型的 VAE。设置之后要点击上方的保存设置。VAE 是通用的，可以与任何模型组合。

VAE 放置路径：*\models\VAE。

新的 VAE 放置后可能需要重启 WebUI。

二、模型网站推荐与下载

以下几个网站基本涵盖了网络上 95% 的模型来源，其他的可以去各大群组寻找。

哔哩哔布 AI 创意平台（LiblibAI）：常用的 Stable Diffusion 线上平台，各类模型都有，每个模型都有预览图。

网址：https://www.liblib.art。

C 站（Civitai）：最流行的 AI 模型网站，每个模型都有预览图，还可以在评论区返图。

网址：https://civitai.com/。

抱脸（Hugging Face）：以原始大模型为主，因为不是每个模型都有预览图，所以使用起来不是很方便。

网址：https://huggingface.co/models?other=stable-diffusion。

三、附加网络（Extra Networks）

LoRA：现在最流行的附加网络，可以理解为一种剔除了每个模型都通用的 Stable Diffusion 和 NAI 官方数据之后，只留下剩余数据的 DB，会让模型学会它原本不了解的信息和概念；文件后缀一般为".safetensors"；大小在几十 MB 到两三百 MB 不等。LoRA大小和使用效果无关。部分 LoRA 需要配合触发词来使用，否则效果不明显。

模型放置路径：*\models\lora。

附加网络点击卡片会自动在提示词框或反面提示词框添加相应的提示词，这取决于输入光标位置。LoRA 需要的触发词需要手动添加，不需要紧挨着LoRA 的提示词，可以分开放置在任何位置。此外，要记得调整附加网络的权重，大部分时候默认的权重 1 都不是最佳效果。

附加网络可以嵌套文件夹存放，比如"*\models\lora\ 角色 \overwatch\"。光标移动到附加网络卡片的文字部分，会弹出"replace preview"按钮，点击该按钮后可以将该卡片的预览图设为输出图片栏中正在浏览的图片。也可以把图片的名字设为和附加网络一样的名字，放在同一文件夹下来设置预览图，如"bad-artist.pt"和"bad-artist.png"。预览图必须是 png 格式，如果发现预览图没有加载，很可能是因为预览图格式不对。

第四节　文生图

一、采样方法

采样方法有很多，但是目前常用的基本是以下几种：

Euler a：速度最快的采样方式，对采样步数（步数是指设置的采样迭代步数，以下皆为此意）要求很低，不会随着采样步数增加而增加细节，反而会在采样步数增加到一定的值时构图突变，所以不要在高步数情景下使用。

DPM++ 2S a Karras 和 DPM++ SDE Karras：两者性能相近，但 SDE 在某些方面表现更优。相较于 Euler a，它们在同等分辨率下能生成更多细节，比如可以在小尺寸图像中完整展示人物全身，代价是采样速度相对较慢。

DDIM：如果使用的模型和 LoRA 出现了过拟合的现象，即图片呈现碎片化的撕裂感时，使用 DDIM 并增加采样步数可以部分缓解。DDIM 在局部重绘和图像修复（Inpaint）中有比其他采样器更好的效果。此外，日常生活中较少会使用 DDIM。

二、采样步数

一般来说，采样步数只需保持在 20—30 步即可，更低的采样步数可能会导致图片没有计算完全，更高的采样步数的细节收益也并不高，只有当非常微弱的证据表明高步数可以修复肢体错误。所以只有当想要出一张穷尽细节可能的图时才会使用更高的步数。

三、生成批次和生成数量

生成批次指显卡一共生成几批图片，生成数量指显卡每批生成几张图片。也就是说，每次点击"生成"按钮，最终生成的图片数量 = 批次 × 数量。

需要注意的是，相较于增加生成批次，直接提高单次生成数量通常能加快处理速度。但是，若将生成数量设置得过高可能会导致因显存不足而生成失败。相比之下，调整生成批次通常不会导致显存不足，只要时间足够，系统会一直生成，直到全部输出完毕。

四、输出分辨率（宽度和高度）

输出分辨率非常重要，它直接决定了图片内容的构成和细节的质量。

五、输出大小

输出大小决定了画面内容的信息量，很多细节如全身构图中的脸部、饰品、复杂纹样等，只有在较大尺寸的图片上才能有足够的表现空间，如果图片尺寸过小，会出现脸部模糊不清等问题，难以充分表现细节。

但是图片越大，AI 就越倾向于向画面里塞入更多的内容。因为

SD1.5 的模型是基于 512×512 分辨率的图片训练的，少数是基于 768×768 分辨率的图片训练的，所以当输出尺寸比较大的图片时，AI 就会尝试在图中塞入两到三张图片的内容量，这可能导致出现各种肢体拼接，不受词条控制的多人、多角度等情况。虽然通过增加输入描述信息可以在一定程度上缓解这一问题，但是更关键的还是要控制好画幅。建议先生成中小尺寸的图像，再根据需要进行放大。

此外，虽然 SDXL 的模型是基于 1024×1024 分辨率的图片训练的，可以出 1024×1024 以上分辨率的图片，但是也不可以过大。

输出大小、像素与内容的关系参考：

● 512×512 分辨率，约 30W 像素，大头照和半身为主。

● 768×768 分辨率，约 60W 像素，单人全身为主，站立或躺坐。

● 1024×1024 分辨率，约 100W 像素，如单人和两三人全身，站立为主。

超过 100W 像素的话，会产生群像，或直接导致画面"崩坏"。

宽高比例会直接决定画面内容，同样以 1 girl 为例：

● 方图 512×512 分辨率，倾向于出脸和半身像。

● 高图 512×768 分辨率，倾向于出站着或坐着的全身像。

● 宽图 768×512 分辨率，倾向于出斜构图的半躺像。

实际操作中，要根据需要的内容调整输出比例。

六、提示词相关性（CFG）

CCFG（Classifier-Free-Guidance）是给所有正面提示词和反面提示词都加上一个系数，用于量化提示词对最终生成图片的影响程度。该参数值越高，提示词对生成图片的内容、风格、细节等方面的影响越显著；反之，参数值较低，则提示词的影响相对较弱。

默认值为 7，但具体使用时需根据模型发布者的建议参数进行适当调整。通常情况下，二次元风格图片的 CFG 可以调得高一些，推荐范围为 7—12，也可以尝试 12—20；写实风格图片的 CFG 可以调得低一些，一般在 4—7。需要注意的是，，写实模型对 CFG 很敏感，稍微调多一点就可能导致画面不合理，建议以 0.5 为单位进行细微调节。

七、随机种子

随机种子可以锁定图像的初始潜在空间状态，可以通过锁定随机种子来观察各种参数对画面的影响，也可以用来在一定程度上复现图像画面结果。

点击"骰子"按钮可以将随机种子设为 -1，也就是随机。

点击"回收"按钮可以将随机种子设为当前选中图片的随机种子。

需要注意的是，即使包括随机种子在内的所有参数相同，也不能保证生成的图片完全一致。随着显卡驱动、显卡型号、WebUI 版本等因素的变动，同参数输出的图片结果也有可能变动，这种变动可能是细微的，可能是彻底的构图变化。

八、面部修复

面部修复在早期模型生成的写实图片分辨率不高时有一定价

值，可以在低分辨率下纠正错误的写实人脸。但是现在模型的脸部精度已经远超早期模型，面部修复功能可能会改变脸部样貌，多数情况下只要无视这个功能就好。

九、CLIP 跳过层

CLIP 跳过值越低，在大模型中搜索到的样本数据越少，生成的图像越接近描述词；CLIP 跳过值越高，在大模型中搜索到的样本数据越多，创意性越好，但是与描述词的相关性可能越低。

十、图片信息

每个 SD 生成的图片都会自动写入相关参数信息，包括正面和反面提示词、采样步数、采样器、CFG、随机种子、尺寸、模型哈希、模型名称、Clip skip、超分参数等。

在图片信息界面拖入他人或者自己的原始图片可以读取到参数信息，点击"文生图"等相应按钮即可将图片和参数一同复制到指定模块。需要注意的是，它可能会改变 WebUI 不容易注意到的一些设置，比如 ControlNet 等插件的设置及 Clip skip、ENSD 等，如果后续使用自己的参数生成图像发现不对劲时，建议检查这些部分。

十一、图片保存和浏览

所有输出的图片都会自动存放在"*\outputs"中，不同模块的图片分开放置在相应文件夹下。

WebUI 内置了一个图库浏览器，该浏览器可以满足小规模的图片浏览，用来调取参数也更方便。但它毕竟是网页程序，在大规模图片管理方面的效率还是不如资源管理器。

十二、关键词语法和权重

在提示词内输入的内容就是想要画的东西，而在反向提示词内输入的就是不想要画的东西。几乎所有模型都只能理解英文词汇。所有符号都要使用英文半角，短语之间要使用半角逗号进行分隔。至于回车和词语之间的空格，基本不影响输出结果。

一般来说，越靠前的词汇权重越高，比如输入的是"car, 1 girl"，可能会出现一整辆车，旁边站着女孩；输入的是"1 girl, car"，可能会出现女孩肖像，背景是半辆车。

所以多数情况下的提示词格式是：质量词、媒介词、主体、主体描述、背景、背景描述、艺术风格和作者。

举个例子，当提示词为"masterpiece, best quality, sketch, 1 girl, stand, black jacket, wall background, full of poster, by Token"时，绘画内容为画家 Token 画的一张高质量速写，内容是一个穿着黑色夹克的女孩站在铺满海报的墙前。

但是，因为 Stable Diffusion 所使用的文本编码器会对一切文本产生反应，且对不同词甚至同一含义的不同词汇表达也会有不同的敏感度，并没有一定的规则，所以还是要通过反复调试才能体会 Stable Diffusion 对各种词汇排列和组合的敏感度，形成一种大致的直觉。

（一）权重调节

最直接的权重调节就是调整词语顺序，越靠前权重越大，越靠后权重越低。

也可以通过下面的语法来对关键词设置权重，一般权重设置在0.5—2之间；还可以通过选中词汇，按Ctrl＋↑或Ctrl＋↓来快速调节权重，每次步进为0.1。

例如，(best quality:1.3)表示将"best quality"的权重设置为1.3。

以下也是常见的权重调节方式，但是调试起来不太方便，所以并不推荐使用。

(best quality) = (best quality:1.1)

((best quality)) = (best quality:1.21)

[best quality] = (best quality:0.91)

（二）起手式

建议使用尽可能简洁的起手式，而不是早期特别冗长的起手式，因为输入的提示词越多，AI绘画时间就越长，同时分配给每个词汇的注意力也会越低，调试也更困难。

相较于早期模型，现在的模型在词汇敏感性上已经有了很大进步，所以不必担心因提示词太短而导致画面效果不佳。

简单的正面和反面起手式：

正面：masterpiece, best quality, 1 boy。

反面：nsfw, (worst quality, bad quality: 1.3)。

稍长的正面和反面起手式：

正面：masterpiece, best quality, highres, highly detailed, 1 girl。

反面：nsfw, bad anatomy, long neck, (worst quality, bad quality, normal quality:1.3), lowres。

多个词用括号合起来并不会使AI把他们视为一体，即使赋予权重也不行，比如以下两者在AI眼中实际上是完全等价的：

(car, rocket, gun:1.3)

(car:1.3), (rocket:1.3), (gun:1.3)

词条组合的方式和自然语言差不多，要使用and、with、of等介词，比如：(car with guns and rockets)。

推荐的标签生成网站：https://wolfchen.top/tag/。

十三、文生图脚本功能概述

在Stable Diffusion中，有一种名为脚本的功能，主要用于辅助创作过程的测试以及项目的优化。提示词矩阵是其中的一种脚本，可用于测试相同提示词在不同Checkpoint模型中的表现。

图 3-1　提示词矩阵

例以 "masterpiece, best quality, official art, extremely detailed CG unity 8k wallpaper, girl/boy/Tree" 作为提示词，生成的图片如图 3-2 所示。

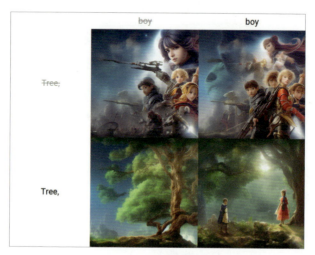

图 3-2　生成图片效果

X/Y/Z 图表是另一种脚本，可用于任意三个变量参数设置的测试。

图 3-3　X/Y/Z 图表

如图 3-3 所示，X 轴是提示词相关性，分别为 3、6、9；Y 轴是采样方法，分别为 Euler a、DPM2 Karras、DPM++ 2M Karras、DPM++ SDE Karras、DDIM；Z 轴无。横向对比如图 3-4 所示。

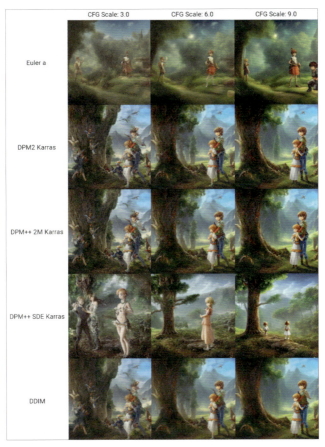

图 3-4　采样方法横向对比

第五节　图生图

　　所有用已有图片生成新图片的方式，包括线稿上色、草图细化、风格转换、图片放大等，本质上都是图生图，只不过从原始图片提取的信息有所区别。一次完整的图生图流程为：第一步，输入图片，在提示词中对画面内容进行大致描述；第二步，选择贴合目标风格的模型，输出样图；第三步，根据样图找出参数、模型和提示词中的问题，并做相应调整，重复第二步，直到输出满意的结果。

图生图本质上是 AI 根据给出的图片和参数，在自己理解的基础上重新绘制了一张图片。AI 并不能理解和继承没有反映在参数上的任何和已有图片相关的知识和信息，所以想得到好的结果，就要协助 AI 去认识给出的输入图片，以及清楚地描述想要的结果。

一、模型选择

和文生图一样，模型会直接影响图生图输出的最终效果，特别是脸部效果，所以要根据想要的效果来选择图生图所使用的模型。

真人模型，如 ChilloutMix，输出材质更写实，一般带有较为强烈的光照，对复杂细节元素的识别能力较差，输出图片中人物的脸部和身材贴近真人比例。

2.5D 模型，如 OrangeMixs、ChikMix，输出材质较油腻，可能有一定泛光效果，对复杂细节元素的识别能力中等，输出图片中人物的脸部和身材有一定美化。

二次元模型，如米山舞，线条感较强，基本没有材质表达，色彩丰富，对复杂元素的识别能力最佳，输出图片中人物的脸部和身材会有所夸张。

对于场景设计而言，元技能 -Yuan_SDXL_0.2、ARC 空间设计师 XL、比鲁斯建筑景观室内模型、AD_ 老王 SD1.5_ARCH、ChilloutMix、奇思妙想 _Architectural photo 等模型都有不错的效果。

二、提示词和反向提示词

和文生图的提示词基本原则相同，提升图生图质量的关键在于尽可能详细地描述输入画面的内容。比如：masterpiece, best quality, realistic, by overwatch, zbrush, 1 girl, blue sweater, white bodysuit, blue detailed hood hat, zip, open orange puffy jacket, backpack.

但是提示词也不是越详细越好，太过详细有可能导致部分重要关键词的权重被削弱，也有可能造成关键词之间的冲突，所以对一些比较重要的元素进行描述即可，例如风格形式、主体、动作、关键性衣着和装备、环境描述等。

在正面提示词中写期待出现内容的效果，远大于在负面提示词中写不想要的元素。

三、输入的图片

不能输入带有透明像素的图片。图片尺寸不能太小，分辨率至少在 300×300，如果图片尺寸太小建议做一次放大。图片对比度

不能太低，否则 AI 很难识别图片内容。

要尽可能提前对输入图片的不必要部分进行裁剪，以减少运算时间和显存占用，但也不要完全贴合对象边缘裁剪，因为输入图片在图生图输出后主体边缘可能会有较大变化，需要提前留出空间。

四、缩放模式

务必在处理前调节缩放模式，否则输出的图片可能会在计算后出现压扁或者拉宽的情况。

拉伸，把原图拉伸成输出比例，也就是会压扁或拉宽。

裁剪，最常用的模式，根据输出比例进行裁剪，至少有一对边会与原图边缘重合。在调节宽高度的过程中，用户可以看到裁剪范围。

填充，尝试将原图置入输出图片中央，根据输出比例自行补充图片上下或左右未覆盖的区域，实际使用并不稳定，一般不会用到。

Just resize（Latent upscale），和文生图 Hires.fix 中的放大算法相同，可以理解为一种只能图生图使用的特殊采样器，不太常用。

五、采样方法

一般使用的采样方法基本和文生图一样，但由于图生图可能会遇到超大输出分辨率的情况，所以在实际应用中会有所不同：

如果输出分辨率较大（如 1024×1024 以上），重绘幅度较低（0.4 以下），建议使用 Euler a，该方法可以大幅减少计算时间，也能降低图片因为细节过多而失真的概率。

如果输出分辨率较小（如 1024×1024 以下），建议使用 DPM++ 2S a Karras、DPM++ SDE Karras、DDIM，它们可以在小分辨率下更好地保留和展现图像细节。

六、采样步数

和文生图一样，20—30 步即可，决定画面质量的根本因素永远是分辨率大小，采样步数的作用有限。

七、输出分辨率（宽度和高度）

输出分辨率非常重要，直接决定了图生图的质量。

输出尺寸可以和原图尺寸不同，一般都是等于或大于原图尺寸，如果输出尺寸比原图尺寸大很多（如 1.5 倍以上），那么输出的图片会有种朦胧感和涂抹感，所以在图生图之前建议将原图放大一次再进行操作。

输出尺寸会直接决定对原图细节的还原能力上限，比较精细的脸部、配件细节等都需要较大的输出尺寸去还原，如果发现脸部和配件还原不佳，请调高输出尺寸。

输出比例一般和原图的比例保持一致。

八、提示词相关性（CFG）

和文生图一样，提示词相关性（CFG）主要用于告诉 SD 在多大程度上遵循用户输入的提示词。参数值越高，提示词对生成图片的影响越显著；反之，参数值较低，则提示词的影响相对较弱。

九、重绘幅度（Denoising strength）

重绘幅度直接决定了对输入图片的还原程度。以下是在没有开启 ControlNet 插件的前提下重绘幅度的临界点示例：

0：不进行任何操作，原图在调节分辨率后直接输出。

0.3 左右：仅调节质感和修改部分细节的临界点。

0.5 左右：修改部分细节和修改部分构成的临界点。

0.7 左右：修改部分构成和小幅重构原图的临界点。

0.9 左右：重构结果已基本脱离原图，仅在整体颜色上保留一定参考的临界点。

1：完全和原图无关，等于在图生图界面下进行文生图的临界点。

关于重绘幅度有几点需要注意：第一，重绘幅度会影响图片计算时间，幅度越高计算时间越久；第二，脸的重构临界点非常低，一般在 0.2 左右就已经开始显著偏离原图，因此，在重绘后原图中的脸基本都会被模型的脸替代；第三，重构临界点也和采样方法以及输出分辨率有关，Euler a 的临界点低于 DPM++ 2S a Karras、DPM++ SDE Karras、DDIM，小分辨率的临界点低于高分辨率。

十、随机种子

如果把文生图生成的图片直接应用于图生图模块，并在不改变任何参数的前提下重绘，记得点击骰子将随机种子重设，否则重绘后图片基本不会有变化，而且会带有一种过曝的效果。

十一、图像智能放大

放大插件：ultimate-upscale-for-automatic1111。

安装网址：https://github.com/Coyote-A/ultimate-upscale-for-automatic1111.git。

或者也可以直接使用放大软件：Topaz Photo AI。

图 3-5　各类图像放大算法对比

第六节　Stable Diffusion 常见问题及自我排查

一、Stable Diffusion 常见问题及自我排查方法

问题及解决方法如下：

启动器版本不稳定：更新至稳定版。

不支持插件：关于"a1111-sd-webui-tagcomplete"插件，请使用或者回退到2024 年 3 月 16 日之前的版本，因为此后的版本只支持开发版。

生成的图像发灰，有紫色斑点：一般是使用的主模型内置的 VAE 模型损坏导致的，在设置里加载外部 VAE 模型文件就可解决。

标签自动填充插件不生效：首先在设置页面点击"tag 自动填充"，确保已选择准备好的词库文件和词库翻译文件，然后保存设置。

采样器显示不全：在设置页面点击采样器参数，取消对应采样的隐藏勾选，然后保存设置，重启 WebUI。

LoRA 模型图片预览不显示：首先保证其和对应 LoRA 模型在同一路径下，文件名需与模型名字一致，且格式是 png，然后点击刷新。

二、常见 Stable Diffusion 插件下载地址

注意事项：每次安装完插件，需要在扩展页面点击应用并重启用户界面。

表 3-1 　常见 Stable Diffusion 插件及下载地址示意

常见 Stable Diffusion 插件	下载地址
sd-webui-controlnet	https://github.com/crucible-ai/sd-webui-controlnet
Posex	https://github.com/hnmr293/posex
asymmetric-tiling-sd-webui	https://github.com/tjm35/asymmetric-tiling-sd-webui.git
sd-webui-mov2mov	https://github.com/Scholar01/sd-webui-mov2mov
gif2gif	https://github.com/LonicaMewinsky/gif2gif
stable-diffusion-webui-dataset-tag-editor	https://github.com/toshiaki1729/stable-diffusion-webui-dataset-tag-editor.git
stable-diffusion-webui-wildcards	https://github.com/AUTOMATIC1111/stable-diffusion-webui-wildcards
ultimate-upscale-for-automatic1111	https://github.com/Coyote-A/ultimate-upscale-for-automatic1111
Waifu Diffusion 1.4 tagger	https://github.com/toriato/stable-diffusion-webui-wd14-tagger
stable-diffusion-webui-two-shot	https://github.com/opparco/stable-diffusion-webui-two-shot
stable-diffusion-webui-composable-lora	https://github.com/opparco/stable-diffusion-webui-composable-lora
stable-diffusion-webui-rembg	https://github.com/AUTOMATIC1111/stable-diffusion-webui-rembg
sd-webui-supermerger	https://github.com/hako-mikan/sd-webui-supermerger
Local Latent upscaLer	https://github.com/hnmr293/sd-webui-llul
sd-webui-llul	https://github.com/hnmr293/sd-webui-llul
sd-webui-depth-lib-main	https://github.com/Kuzujyanai/sd-webui-depth-lib-main
sd-webui-cutoff	https://github.com/hnmr293/sd-webui-cutoff
sd-webui-ar	https://github.com/alemelis/sd-webui-ar
multidiffusion-upscaler-for-automatic1111	https://github.com/pkuliyi2015/multidiffusion-upscaler-for-automatic1111
openOutpaint-webUI-extension	https://github.com/zero01101/openOutpaint-webUI-extension

三、常用路径说明

生成的图像路径：主目录 \novelai-webui\novelai-webui-aki-v2\outputs。

扩展插件路径：\novelai-webui\novelai-webui-aki-v2\extensions。

基础大模型路径：主目录 \novelai-webui\novelai-webui-aki-v2\models\Stable-diffusion。

超网络（hypernetworks）模型路径：主目录 \novelai-webui\novelai-webui-aki-v2\models\hypernetworks。

系统自带的LoRA模型路径：主目录 \novelai-webui\novelai-webui-aki-v2\models\Lora。

LoRA插件模型路径：主目录 \novelai-webui\novelai-webui-aki-v2\extensions\sd-webui-additional-networks\models\lora。

VAE 模型路径：主目录 \novelai-webui\novelai-webui-aki-v2\models\VAE。

嵌入式（embeddings）模型路径：主目录 \novelai-webui\novelai-webui-aki-v2\embeddings。

ControlNet 模型路径：主目录 \novelai-webui\novelai-webui-aki-v2\extensions\sd-webui-controlnet\models。

Depth 插件图像路径：主目录 \novelai-webui\novelai-webui-aki-v2\extensions\sd-webui-depth-lib-main\maps。

标签自动填充插件对应文本路径：主目录 \novelai-webui\novelai-webui-aki-v2\extensions\a1111-sd-webui-tagcomplete\tags。

通配符插件文本路径：主目录 \novelai-webui\novelai-webui-aki-v2\extensions\stable-diffusion-webui-wildcards\wildcards。

提示词模板风格对应文档：主目录 \novelai-webui\novelai-webui-aki-v2\styles。

四、提示词书写方法

用"，"和"；"分隔各个提示词或提示词词组。

（提示词）表示将括号中提示词的权重提高到 1.1 倍。

（（提示词））表示将括号中提示词的权重提高到 1.21（即 1.1×1.1）倍。

以此类推，权重表为：

-(n)=(n: 1.1)

-((n))=(n: 1.21)

-(((n)))=(n: 1.331)

(word: 1.7)：将权重提高至原权重的 1.7 倍。

(word: 0.3)：将权重减少为原先的 30%。

［提示词］表示将提示词的权重降低 1.1 倍。

循环绘制符号"｜"，表示每隔一步交换一次，直到绘制结束。比如：

"水｜山"：先生成水，再生成山；接着再生成水，再生成山……直到采样步数用完。

"黑｜白"：先生成黑，再生成白；接着再生成黑，再生成白……直到采样步数用完。

如果不用"｜"，只是写"黑，白"，则先生成黑，再生成白，然后就没了。

[from:to:when]：from 和 to 是提示词，when 是数字，代表步数。比如 [萝卜:狐狸:15] 表示前 15 步生成萝卜，15 步结束后生成狐狸。

[to:when]：在多少步后生成"to"这个关键词。

[from::when]：在多少步后不再生成 from 这个关键词。

AND：组合多个提示词时，使用大写单词 AND 连接，各提示词默认权重为 1。

五、提示词示例

（一）全局词

全局画质词：杰作、最佳质量、大师作品等。

图片风格词：摄影作品、壁纸、动画、绘画等。

（二）主体

主体：人物、动物、建筑或者植物等。

主体细节，以人为例：

身体部位及配饰：帽子、头发、五官、面孔、脸型、配饰、衣服、手臂、拿着的物品、身体、腿、鞋等。

表情：笑容、愤怒、生气等。

动作：走路、奔跑、跳跃等。

与相关物品的关系：坐在沙发上、走在马路上等。

（三）场景

场景即背景环境，在写提示词时要由近及远去描写。

室外：马路、树林、荒漠、建筑、河流、土壤、岩石、竹林、湖泊、地平线等。

室内：沙发、桌子、墙壁、窗户、门等。

（四）画面效果

画效词，即提升画面效果的词，如：镜头光晕、色彩调整、相机、滤镜、白平衡、焦距、划痕、辉光等。

练 习

1. 安装喜欢的 CheckPoint 模型、LoRA 模型或其他类型的模型，并使用其利用文生图功能生成一系列图片。
2. 使用图生图功能，通过模型风格去尝试变换原图像风格。
3. 选取一个写实模型，尝试生成结构合理的人物肖像。
4. 构思一个故事世界观，完成一套场景设定集。
5. 尝试设计一系列包含背景且风格统一的动漫人物角色。

第四章

AIGC 的使用方法：绘画（三）*

---

* 本章主要介绍 Stable Diffusion 的进阶使用方法。

第一节　插件 ControlNet

ControlNet 在 Stable Diffusion 中通过添加额外的条件来控制图像生成。ControlNet 的核心在于它能够根据输入的条件（如骨骼结构、线条等）精确控制生成的图像细节，从而实现对生成图像的高度可控性。例如，通过使用 ControlNet 插件，用户可以根据人物骨骼结构来生成特定动作的人物图像，这些都显示了 ControlNet 在图像生成中的强大控制力。

一、ControlNet 扩展安装

扩展插件安装方法：依次点击"扩展—可用—加载自"，找到对应插件"ControlNet"，点击"安装"。

图 4-1　ControlNet 安装界面

以下方式不推荐使用（有时无法使用启动器自动更新）：

第一种，从网址安装。复制粘贴插件项目地址（GitHub-Mikubill/sd-webui-controlnet: WebUI extension for ControlNet），再点击"安装"。

第二种，前往插件的项目地址（GitHub-Mikubill/sd-webui-controlnet: WebUI extension for ControlNet），下载压缩包，并解压至"extensions"目录下。

第三种，使用 Git 方式更新插件。在"extensions"目录下右键空白处输入 git 地址（git clone https://github.com/crucible-ai/sd-webui-controlnet），但要确保"extensions"目录下没有这个插件，否则会报错。

最新版本的 ControlNet 无法从启动器更新，所以请使用手动安装方式更新 ControlNet 插件。手动安装步骤如下：

第一步，访问插件的项目地址，点击"Download ZIP"进行下载。

第二步，下载完成后，将插件解压并将解压后的文件放置到"extensions"目录下。

第三步，重新启动启动器，若版本号显示为最新版即为安装成功。

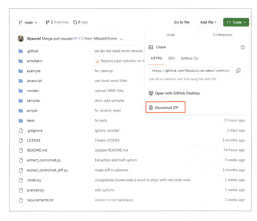

图 4-2　Hugging Face 下载界面

ControlNet 处理器是插件内置的，但是预处理模型需要额外下载。下载完成后需要把预处理模型放入：\extensions\sd-webui-controlnet\models。

ControlNet 模型下载地址：https://huggingface.co/lllyasviel/ControlNet/tree/main/models。

最新表情控件预处理模型下载地址：https://huggingface.co/CrucibleAI/ControlNetMediaPipeFace/tree/main。

ControlNet 1.1 下载地址：https://huggingface.co/lllyasviel/ControlNet-v1-1/tree/main。

图 4-3 "extensions"目录
下文件示例

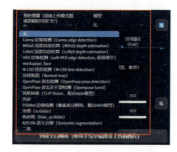

图 4-4 ControlNet 模型
选择窗口

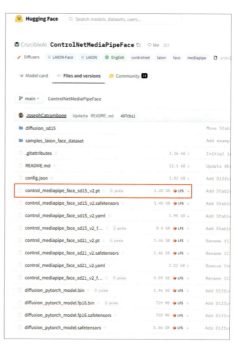

图 4-5 Hugging Face 最新表情控件
预处理器下载窗口

二、ControlNet 常用设置

"Multi ControlNet 的最大网络数量"：通常我们会同时使用 2—4 个甚至更多 ControlNet 来精确控制图像，按需增加即可。

"允许其他脚本对 ControlNet 进行控制"：方便其他脚本联合调用 ControlNet。

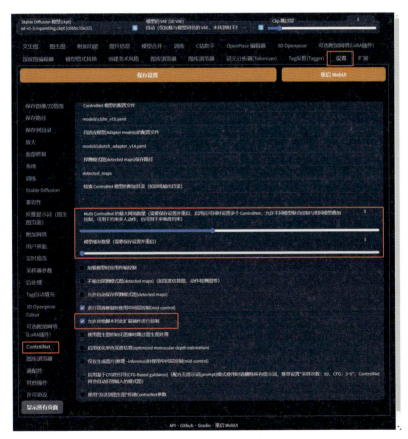

图 4-6　ControlNet 设置选项卡

三、ControlNet 基本参数

反色模式：如果输入的线稿为白底黑线，则需要勾选反色模式，否则无法正确输出。

低显存优化：降低处理速度，降低显存使用，防止因多 ControlNet 处理导致的显存溢出及软件崩溃（建议开启）。

图 4-7　ControlNet 操作界面

无提示词：ControlNet 会根据输入的图像反推出提示词，然后作画（需要进入"设置—启用基于 CFG 的引导"）。一般情况不使用，但有时也能有惊喜。

☑ 启用基于CFG的引导(CFG-Based guidance)（配合无提示词(prompt)模式使用时请删除所有提示词，

图 4-8　开启"基于 CFG 的引导"的示意

预处理器：当输入的图片为原始图片时，需要开启对应预处理器，否则不需要。

模型：预处理器对应的最终功能。

权重：表示当前 ControlNet 在本次作画中起到的作用大小。

引导介入时机：当值为 0 时，则在绘画步数的 0% 即开始介入干

预；当值为 0.5 时，在绘画步数的 50% 再开始介入干预。

引导退出时机：当值为 0 时，在绘画步数的 100% 才退出干预，也就是不退出；当值为 0.5 时，在绘画步数的 50% 退出干预。

创建空白画布：在上方调整画布宽高比后，创建手绘画布（一般不会使用）。

预览预处理结果：用来检测输入图像后 ControlNet 的处理结果。

四、ControlNet 的模型

表 4-1　ControlNet 预处理器及模型

分类	预处理器	模型	备注
黑白倒转	invert	control_v11p_sd15_canny	
边缘检测	canny	control_v11f1p_sd15_depth	
深度检测	depth_leres	control_v11f1p_sd15_depth	LeRes depth estimation
深度检测	depth_midas	control_v11f1p_sd15_depth	
深度检测	depth_zoe	control_v11p_sd15_inpaint	推荐，最精细
局部重绘	inpaint_global_harmonious	control_v11p_sd15s2_lineart_anime	ControlNet 自带局部重绘
线稿控制	lineart_anime	control_v11p_sd15s2_lineart_anime	动画
线稿控制	lineart_anime_denoise	control_v11p_sd15_lineart	动画
线稿控制	lineart_coarse	control_v11p_sd15_lineart	
线稿控制	lineart_realistic	control_v11p_sd15_lineart	最像线稿
线稿控制	lineart_standard	control_v11p_sd15_lineart	
面部控制	mediapipi_face	control_v11p_sd15_mlsd	

（续表）

分类	预处理器	模型	备注
直线检测	mlsd	control_v11p_sd15_normalbae	M-LSD line detection, 直线检测，建筑类最适用
法线贴图	normal_bae	control_v11p_sd15_normalbae	
法线贴图	normal_midas	control_v11p_sd15_openpose	
姿态估计	openpose pose detection	control_v11p_sd15_openpose	
姿态估计	openpose_faceonly	control_v11p_sd15_openpose	
姿态估计	openpose_full	control_v11p_sd15_openpose	
姿态估计	openpose_hand	control_v11p_sd15_openpose	
涂鸦	scribble_hed	control_v11p_sd15_scribble	
涂鸦	scribble_pidinet	control_v11p_sd15_scribble	
涂鸦	scribble_xdog	control_v11p_sd15_scribble	
语义分割	seg_ofade20k	control_v11p_sd15_seg	
语义分割	seg_ofcoco	control_v11p_sd15_seg	
语义分割	seg_ufade20k	control_v11p_sd15_seg	
风格转移	shuffle	control_v11e_sd15_shuffle	图像风格化
软边缘	softedge_hed	control_v11e_sd15_softedge	
软边缘	softedge_hedsafe	control_v11p_sd15_softedge	
软边缘	softedge_pidinet	control_v11p_sd15_softedge	推荐
软边缘	softedge_pidsafe	control_v11p_sd15_softedge	
提取风格	t2ia_color_grid	t2iadapter_color_sd14v1	
边缘检测	t2ia_sketch_pid	t2iadapter_sketch_sd14v1 / t2iadapter_sketch_sd15v2	
风格转移	t2ia_style_clipvision	t2iadapter_style_sd14v1	图像风格化
局部重绘	tile_resample	control_v11u_sd15_tile	优化图生图自带的局部重绘

常用的一些模型如下：

Canny 处理器 / 预处理模型：照片或图片通过 Canny 处理器后，

会进行图像边缘的检测，输出一张线稿图。此处理器用来控制生成图像的边缘。如果图片本来就是线稿图，则不需要处理，否则会报错。

Depth 处理器 / 预处理模型：识别图片中的深度信息。如果图片没有景深，用 Canny 进行处理的效果更好。

输入　　　　　　　　处理结果　　　　　　　输出

图 4-9　Depth 处理器 / 预处理模型图片处理示例

Hed 处理器 / 预处理模型：其将保留输入图像中的许多细节，然后对原图片进行重新着色和风格化。其与 Canny 类似，但 Hed 不仅可以对前景人像进行边缘检测，也可以对背景图像中的细节进行检查，所以能保留更多的细节，适合在保持画面整体构图和细节的基础上对画面风格进行改变。

输入　　　　　　　　处理结果　　　　　　　输出

图 4-10　Hed 处理器 / 预处理模型图片处理示例

M-LSD 处理器／预处理模型：用于处理线稿识别和详细的直线检测，非常适合应用于建筑或室内设计等领域。

输入　　　　　　　　　处理结果　　　　　　　　　输出

图 4-11　M-LSD 处理器／预处理模型图片处理示例

Normal 处理器／预处理模型：使用法线贴图分析原始图，生成法线图。

输入　　　　　　　　　处理结果　　　　　　　　　输出

图 4-12　Normal 处理器／预处理模型图片处理示例

OpenPose 处理器／预处理模型：从原图中绘制出人体骨架结构（新版本包括手势），并以此骨架图为参照，根据提示语绘制出新图像。

输入　　　　　　　　处理结果　　　　　　　　输出

图 4- 13　OpenPose 处理器 / 预处理模型图片处理示例

Scribble 处理器 / 预处理模型：提取图像中黑白线稿。

输入　　　　　　　　处理结果　　　　　　　　输出

图 4- 14　Scribble 处理器 / 预处理模型图片处理示例

第二节　LoRA 训练

LoRA（Low-Rank Adaptation）是一种轻量级微调技术，可以用于对 Stable Diffusion 模型进行微调，以实现定制化的输出。

LoRA 模型无法单独使用，在使用时，需要选择一个 Stable Diffusion 模型作为基础，通过 LoRA 技术调整基础模型，再生成微调后的图片。这种技术的主要优点在于其高效率，因为它只需要少量的数据就可以进行训练，并且能够与大模型结合使用，实现对输出图片结果的个性化调整。

LoRA 也是 Stable diffusion 的各大模型中唯一可以由用户自己进行训练的模型。

一般的 LoRA 训练步骤分为以下几个环节：

● 数据集准备（裁剪、打标）；

● 配置训练文件和训练参数；

● 开始训练；

● 训练结束，验收成果；

● 若愿意，也可发布到网上（C 站、Liblib），供他人下载使用。

一、数据集准备

数据集收集一般是整个训练过程中最耗时的部分，数据集的质量直接决定了一个模型质量的上限。不管训练的是角色、风格，还是场景，要求都是一样的：质量优先；尽可能高清；训练主体能够被清晰识别；风格差异不要太大，比如避免将真人的动漫角色扮演（COS）与二维卡通形象混为一谈；数量其次，训练图像的数量视训练的概念复杂程度而定，至少需要十几张；有一定多样性，包含不同动作、光照、机位、景别、背景等。

（一）数据集裁剪

数据集裁剪时可以使用裁切网站，将其批量裁切至统一分辨率。

图像裁剪网站：https://www.birme.net/?target_width=512&target_height=512。

或是直接使用 SD WebUI 中的"后期处理"。如果希望提高训练效果，还可以使用 Adobe Photoshop（即 PS）。

常用训练图像分辨率有 512×512、512×768、768×512、768×768，用户可根据自己的显卡性能来选择，8G 显存以下推荐使用 512×512，12G 显存可以尝试 768×768，24G 显存可以尝试 1024×1024。需注意，分辨率应是 64 的倍数。

最终，将裁切好的图片放入新的文件夹。

需要注意的是，数据集的图片最好是统一的风格、统一的尺寸。如果训练使用的数据集的质量不好，会直接影响训练效果，所以千万不要为了凑数而使用质量较差的图片。

另外，如果是人物的数据集准备，有一个小技巧：可以使用 AI 视频工具（比如：海螺、可灵等），用特定的提示词生成角色的视频（比如：镜头围绕角色 360°旋转、角色欢快地跳舞、角色做各种表情等），然后截图得到角色不同角度、不同表情和动作的数据集（比如：中、近、远、侧面和各种表情的图片），不同的动作、表情越多越好。

（二）统一图像后缀

打开终端，进入上述图像所在文件夹的路径。输入"dir"按回车键，就可以看到该列表内的所有图像命名和后缀。

随后，输入"ren *.jpg *.png"，按回车键就可以统一将 jpg 后缀格式改为 png 后缀格式。

（三）数据集打标

使用"Tag 反推（Tagger）"功能，批量反推出图片的关键词。

如图4-15所示，将图片所在地址复制至输入目录，不需要填入输出地址（反推出来的 txt 文件会直接存入"图片所在地址"），点击"开始反推"，完成后会在图片所在地址自动生成对应每张图片的".TXT"提示词文档。

注：SD 中如果没有"Tag 反推（Tagger）"，从扩展中安装 WD1.4 即可。

需要注意的是，打标签时应把"未来使用该LoRA 生图时需替代部分"都写上标签。

比如图片集中于没有戴眼镜的照片，但将来生成时提示词希望可

图 4-15　使用"Tag 反推"功能批量反推图片关键词的操作示意

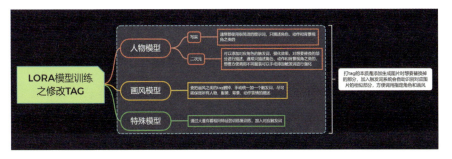

图 4-16　LoRA 模型训练修改标签理论

以写"glasses"，那么在标签里，要为这些图片加上"no glasses"。这相当于建了一个"glasses"的通道，只是在当前的数据集中，这个通道是关闭的。

再比如，如果删除关键词"brown eyes"，则自动默认素材中的眼睛是没有颜色属性的，即使提示词中出现关于眼睛颜色的描述，也不会出现对应颜色的眼睛。

也可以使用 Booru 提示词工具（BooruDatasetTagManager.exe），它可以批量修改反推提示词。首先，点击"file"选择图片和标签所在路径；批量添加极端关键词来触发当前 LoRA（例如人名等特殊关键词）。其次，点击左侧的加号添加触发关键词，在确认窗口内点击"Apply"确认；在右侧所有标签中找到刚添加的标签，点击右侧加号在确认窗口中点击"Add to all"确认。最后，点击"Save"保存。

注：反推出来的关键词如果没有本质性错误，不需要特殊修改。

（四）数据集文件夹准备

在"lora-scripts"文件夹下新建"train"文件夹，将上述

121

准备好的数据集文件夹移入"train"文件夹下，并遵循以下文件夹命名规则：lora-scripts\train\自定义\步数_自定义。例：lora-scripts\train\ZAH\50_ZAH（自定义名称为 ZAH，步数为 50 步）。一般来说，训练步数按以下原则来定义：人脸比较复杂，大概要学习 30—50 次；二次元一般需要学习 5-10 次；简单物品学习 10 次即可。

此外，需要注意两点：其一，"步数_自定义"所在的文件夹，除了该文件夹外，不应有任何东西；其二，文件夹名称不要有中文和空格，否则可能会干扰一些脚本的执行。

将用作训练的大模型放入"sd-models"文件夹下。

二、配置训练文件和训练参数

此处介绍用 GUI 方式（Kohya_ss）训练的方法，步骤如下：

第一步，直接将安装包拷贝至指定文件夹安装"Kohya_ss（修改训练参数的 GUI）"。

第二步，打开"Kohya_ss"，双击打开"Kohya_ss"目录下的"gui.bat"，出现"https：//127.0.0.1：端口地址"，注意端口地址不能与 SD 的端口冲突。

第三步，在浏览器中输入上述地址，打开 GUI 界面。

第四步，选择"LoRA"，进入 LoRA 训练选项。

第五步，选择"Source model"。此处有两种操作方法：

方法一，如图 4-19 所示，先选择文件夹"······\sd-webui-aki-v 4\models\Stable-diffusion\······"；再选择"Model Quick

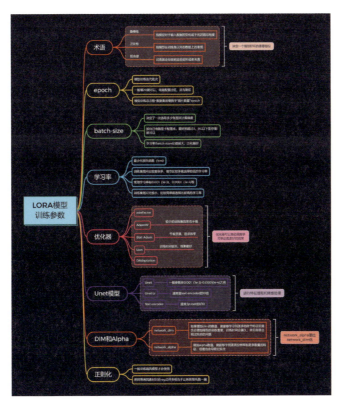

图 4-17　LoRA 模型训练参数

图 4-18　GuI 模式下的用户操作

图 4-19 Gui 模式方法一操作示例

Pick—custom"；最后点白色文件图标，选择想要的训练模型。其中，ChilloutMix 模型适用于人的训练。

　　方法二，先选择文件夹"……\sd-webui-aki-v4\models\Stable-diffusion……"；再在"Model Quick Pick"中直接选择需要的模型，一般选择 1.5，其适用于各类模型的训练。

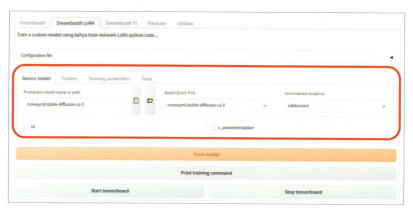

图 4-20 Gui 模式方法二操作示例

　　第六步，在 Folder 中选择数据集所在文件地址、输出的文件地址等。

图 4-21　GuI 模式下的参数设置

第七步，修改训练参数。

最简单的办法是直接用预设的选项（即已经过验证的训练参数），比如选择选项"iA3-Prodigy-sd15"，可以看到大部分参数已经被设置好了，只需要定义"最大训练步数"（如：训练集规模在 20—30 张，则将其设在 1200—1500 之间），然后点击"开始训练"就可以开始训练了。

图 4-22　采用预设的选项进行参数设置

表 4-2　主要参数值设置的说明及举例

参数类别	参数名称	参数值示例	意义	备注
LoRA 类型	LoRA type	Standard（适用于大多数情况） LoCon（对训练集细节可以有更好的还原，但训练速度慢） LoHa、LoKr（更擅长训练画风，且在多概念训练时更有优势。LoHa 训练速度会慢一些） IA3（少量参数高效微调，训练速度会快一些，但效果会略粗糙一些）	定义当前训练的 LoRA 类型	
训练步长	Train batch size	1	训练批次大小，即一次学习多少张图	提高 batch size 会额外占用不少显存（显存＜10G 的情况下，设置为 1 比较安全）
	Epoch	20	训练多少个轮次	1 个轮次的步数 = 训练集图片数 × 重复训练的次数（即训练集文件夹名称中最前面的那个数字）
	Save every N epochs	2	训练几个轮次输出一个模型	
学习率	Learning rate	0.0001（或 1e-4）	学习率，即学习这些训练集图片的强度，将决定拟合情况	如果过拟合（也就是学过头了，即无论什么提示词，都输出和训练集几乎一样的图片），需要降低学习率；如果欠拟合（也就是没有学到位），则需要提高学习率
	Text Encoder learning rate（Optional）	0.00005	文本编码器	文本编码器对学习率的敏感程度远高于噪声编码器，所以一般分开设置
	Unet learning rate（Optional）	0.0001（或 1e-4）	噪声编码器	Text Encoder learning rate 一般设置为 Unet learning rate 的 1/2—1/10，但这不是绝对的
	LR warmup（% of steps）	一般可设为 10%	学习率预热	在训练开始时的一定比例步数内略微提高学习率，以便让 AI 在早期更高效地学习

（续表）

参数类别	参数名称	参数值示例	意义	备注
优化器	Optimizer	AdamW 8bit		效果比较稳定，配套的学习率一般为默认的 1e-4
		Lion		Google 推出的优化器，配套的最佳学习率通常比 AdamW 小 10 倍左右，且在大 batchsize 的情况下表现优秀
		Prodigy	神童	配套学习率全用 1，即自适应学习率
	LR Scheduler	Cosine	主导"自适应学习率"下的学习率衰减。多数情况不需要考虑，因为影响不大	
		Cosine-with-restart		会经过多次"重启"再衰减来充分地学习训练集。该模式下还要设置学习率周期率（即重启次数），一般为 3—5 次
LoRA 模型维度 NetworkRank & Alpha [搭建一个合适的 LoRA 模型基底（即 Network），供 AI 学习输入数据]	Network Rank（Dimension）（Dimension）	8/16/32 （训练二次元） 64/128 （机器好，且需训练一些复杂画风、三次元物品/形象）	学习时应看到多少细节	越高代表从原始的矩阵中抽出来的行列越多，要微调的数据量也越多。也就是 AI 学习时能看到的细节越多，可以容纳的概念也更复杂 Network Rank 的大小会直接影响 LoRA 模型的大小 可以先从低的 Rank 值开始试起 此外，不同 LoRA 类型对 Rank 有一定限制（比如：LoCon 一般不超过 64，LoHa 不超过 32）
	Network Alpha（Alpha for LoRA weight scaling）	一般不超过 Rank，越接近 Rank 值，则 LoRA 对原模型权重的影响越小；越接近 0，则 LoRA 对权重的微调作用越显著 一般设置成 Rank 值的一半	应忽略多少细节	

·（续表）

参数类别	参数名称	参数值示例	意义	备注
性能相关参数	Mixed precision	f16（优先选项）	混合精度	
	Save precision	fp16（优先选项）	保存精度	
	Cache latents	打开：一次性把所有图片缓存到显存中，然后反复调用（推荐，可以显著提升训练速度） 关闭：一张一张图片转换到潜空间	缓存潜变量潜空间图像	
	Cache latents to disk	打开：把潜变量同时保存到本地硬盘（在"反复调试同一个训练集的参数"时推荐打开，这样就不需要反复缓存同一批图片的潜变量，方便使用同一训练集进行连续训练）	缓存潜变量到磁盘	
	Cross-Attention	xformers（如果是 N 卡，则推荐使用该选项，可以降低训练过程中的显存需求，显著提升速度）	交叉注意力	可提高模型训练和推理的效率
	Memory Efficient Attention	低配用户打开此选项，可降低爆显存的风险 如果显存够用，建议关闭	内存高效注意力	会压缩一定量的显存使用

需要注意的是：

以上参数不是绝对的，即使是同一套"推荐参数"，在不同的训练集上发挥出的效果也很可能天差地别，因为没有任何一个参数拥有唯一的"最优解"。

多数情况下，一组最佳参数大多是经过反复训练测试摸索出来的一个相对合适的解法，比如：

● 过拟合了，就要降低学习率或减少步数。

● 如果出"鬼图"（如肢体错位、面部畸变、人脸与背景粘连）了，就要降低维度 Rank 或是提高 Alpha。

● 如果学习效果不佳，可以考虑换一种 LoRA 或是优化器，再考虑学习率如何设置。

三、训练过程中的监控

有三种方法可以对训练过程进行监控：

方法一：

在启动 Kohya 训练器时打开的窗口，可以通过命令行看到在训练过程中的各种状况信息，比如损失值：

● 如果损失值 Loss 一直在反复横跳，则说明欠拟合，也就是 AI 没学会。

● 如果损失值 Loss 开始时比较大，后面震荡并逐步收敛，则说明拟合。

● 如果损失值 Loss 开始时比较大，后面直接固定了，则很可能过拟合了，也就是学过头了。

● 如果损失值 Loss 不显示，则说明机器过载了，很可能某些参数被误设成了极大或极小值（如：学习率），或是 Batch Size、Rank 等参数设置不当。遇到这种情况，需要赶快停止训练，重启训练器，从默认参数开始调整后重新训练。

方法二：

用 TensorBoard 来监看（点击训练器界面下方的"开始 tensorboard"开启）。TensorBoard 是深度学习领域中用于可视化监视训练过程中各项参数变化的工具。主要关注平均损失值 Loss 和学习率：

图 4-23 "开始 tensorboard"在界面上的示意

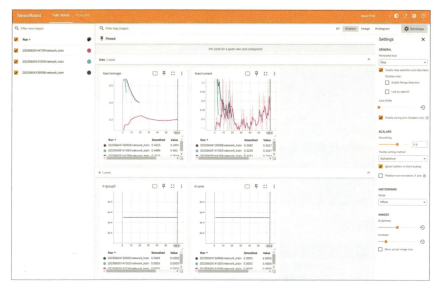

图 4-24 "TensorBoard"界面示意图

● Loss 应能随训练慢慢降低。

● 学习率通常会随训练慢慢降低，如果学习调度 LR Scheduler 选择的是 cosine，降低的曲线形状就会像三角函数里的 cosine 曲线一样。

方法三：

训练过程中每隔一段时间让 AI 出一张图。点开"样例"选项卡，输入相应的参数值。提示词部分可以用训练集中的某张图进行反推后做适当改动，尺寸、提示词相关性、采样步数和负面提示等，也需要写在提示词中，并采用专业的命令来写：

–w 宽度　　　　　　　　–h 高度

–d 种子　　　　　　　　–l 提示词相关性 CFG

–s 采用器步数　　　　　–n 负面提示词

图 4-25　训练过程中每隔一段时间让 AI 出一张图的示例

出图结果会被放置在模型输出文件夹下面的"Samples"文件夹里，从这里可以看到训练趋势，比如：

● 是否过拟合：连着好几张图都过分接近训练集图片，并且发生了明显的画风畸变，也即完全不像是用底模跑出来的风格。

● 是否欠拟合：即根本不像训练集的图片，光靠底模用不训练的 LoRA 也能直接出。

● 是否维度设置错误：即出图非常混乱，但能看出一些学习痕迹。

● 是否炸炉：即出图很模糊或者干脆是黑图，此时就要重练了。

四、模型验收

把训练完的模型全都复制到 SD 的 LoRA 文件夹下。LoRA 模型路径：*\models\lora。最好建一个文件夹单独存放自己训练的模型，和下载的模型分开。如果选择隔几次保存一次模型，则会输出很多模型。

验收过程如下：

● 载入需要的大模型；

● 输入提示词起手式；

● 打开保存 LoRA 模型所有使用 Tag 的 txt 文件，复制前面几个有代表性的 Tag 在提示词里；

● 调整好基本参数；

● 打开附加网络并刷新，载入训练好的 LoRA；

● 调高点生成批次或者数量；

● 生成图片，观察结果。

也可以打开 WebUI 中的"脚本"选项，选择 X/Y/Z 图表，可以用于对比出图。即：可以在 X/Y/Z 轴类型中分别选择需要对比的参数，在 X/Y/Z 轴值中写上对应的数值，并用英文"，"隔开。

当需要对比不同轮次生成的 LoRA 时，可以在 X 轴（或 Y/Z 轴）类型选择"提示词搜索 / 替换"这个类型，然后在 X 轴（或 Y/Z 轴）值中把多个 LoRA 名称中不同部分写上（通常是序号，也即

图 4-26　用脚本对比出图的界面示意

图 4-27　用脚本对比出图比较不同轮次产生的 LoRA 效果的界面示意

用这些不同序号去替换提示词中的那个 LoRA 序号，达到调用不同 LoRA 进行出图的效果）。这样就能一次出图看到调用不同 LoRA 的出图效果了。

此外，还可以针对权重数值做类似的查找替换，以此来对比判断所炼制的 LoRA 的最终适用权重水平。参见本书第三章第四节"文生图"中的"十三、文生图脚本功能概述"。

如果不需要较高要求的效果，也可以直接使用 Liblib 网站的 LoRA 训练。训练界面如图 4-28 所示。

图 4-28　使用 Liblib 网站进行简单的 LoRA 训练的示意

第三节　ComfyUI

ComfyUI 是一个基于节点流程的 Stable Diffusion 操作界面，通过流程实现了更加精准的工作流定制和完善的可复现性，其因独树一帜的"节点式"界面，逐渐成为 AI 绘画领域进阶用户的"得力武器"。搭配各式各样的自定义节点与功能强大的工作流，它得以用更低的配置实现许多在 WebUI 等常规界面里无法做到的复杂生成任务。

项目主页：https://github.com/comfyanonymous/ComfyUI。

ComfyUI 的优点：

● 出图更快更流畅：只要搭建得合理，工作内容固定，就能将这个工作流使用得越来越好。

● 配置要求较低：对显存要求较低，启动速度快，出图速度快。

● 更快捷方便：可以同时使用多个大模型，可及时调用一个节点输出的内容作为另一个内容的输入。可以实时看到内容生成的进程，如果报错也能清晰地发现错误出在哪一步。用户可以搭建自己的工作流程，可以导出流程并分享给别人。生成的图片拖入工作流之后，可以还原整个工作流程，模型也会自动选择好。

● 功能强大：一键即可加载无数工作流，如人像生成背景替换图片、图片转动画。

● 节点式运行界面：选框、标签、按钮，只有一个个被线连在一起的"节点"，使用者只需要根据开发者的预设，调节参数即可。

但是，ComfyUI 也存在一些缺点：

● 较为复杂：节点式连线可能会使得界面显得较为繁杂，安装内容较多，需要有比较清晰的逻辑，不注意的话容易出现报错。

● 参数较难把控：一张图片需要调整的地方相较于其他会较多，各个位置的参数会有所影响，并且参数的大小较难把握。

● 对基础有所要求：如果学习过 WebUI 的话，学习 ComfyUI 可以触类旁通，并且能进一步了解 Stable Diffusion 的底层逻辑。但如果没有基础的话，可能理解起来需要花费更多的精力。

完整安装的 ComfyUI 程序占用存储（含依赖文件）约 2GB，需预留充足的磁盘空间。一般来说，最低要求是最低 3GB 显存，但大多数常规图像生成任务一般需要使用 8GB 及以上的显存，实际需求

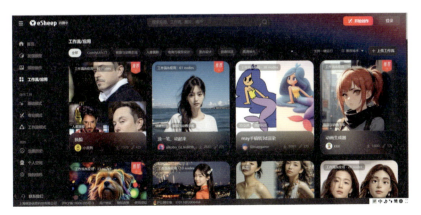

图 4-29　eSheep（电子羊）界面

取决于加载的工作流与节点的复杂程度。如果条件不允许，也可以考虑借助一些提供云计算的平台，或在线生成的网站，如 eSheep（电子羊）等。

一、安装方式

（一）下载安装方法

第一步，从 GitHub 下载已部署好环境和依赖的整合包。ComfyUI 下载链接：https://github.com/comfyanonymous/ComfyUI#installingng。

第二步，在网页中间位置找到"Installing"，点击下面的"Direct link to download"文字按钮进行下载。

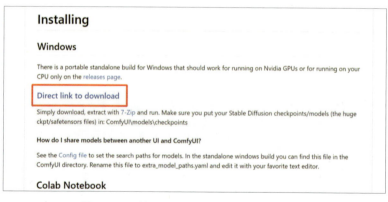

图 4-30　从 GitHub 下载 ComfyUI 整合包

第三步，把安装包解压到合适位置，打开文件夹，找到并双击"run_nvidia_gpu"文件（Windows N 卡安装），启动 ComfyUI。需要注意里面并没有任何模型。

图 4-31　ComfyUI 整合包解压后双击"run_nvidia_gpu"安装

一位昵称为"秋叶"的用户也做了个 ComfyUI 整合包，里面内置了很多常用插件（因为 ComfyUI 插件系统比较乱，用户自己安装容易出现配置冲突等问题），用户可以自行下载。

（二）模型配置方法

ComfyUI 安装包虽然已部署好环境和依赖，但是里面没有模型，我们需要把模型放到对应位置，比如：

大模型放入：ComfyUI_windows_portable\ComfyUI\models\checkpoints。

VAE 模型放入：ComfyUI_windows_portable\ComfyUI\models\vae。

LoRA模型放入：ComfyUI_windows_portable\ComfyUI\models\loras。

如果本来就装有 WebUI，那么 ComfyUI 可以和 WebUI 共用一套模型，以防复制大量模型浪费空间。

在 ComfyUI 目录中找到名为"extra_model_paths.yaml.example"的文件，将此文件重命名为"extra_model_paths.yaml"（去掉".example"），修改完成后用文本编辑器打开（记事本就可以）。

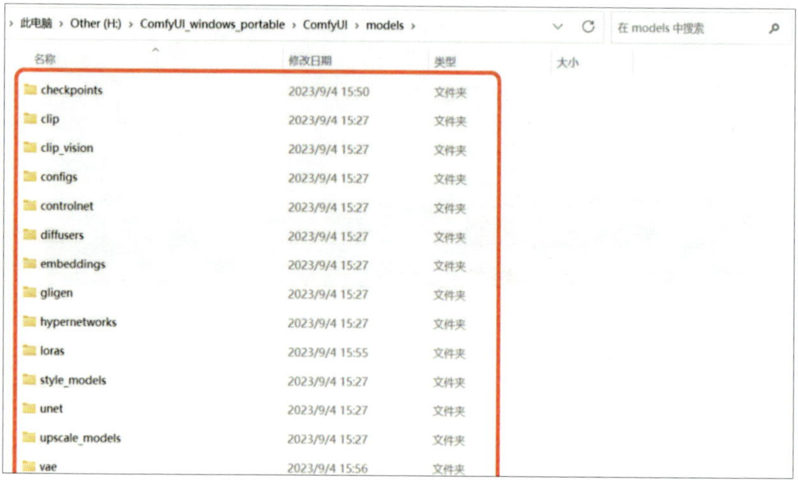

图 4-32　模型放置的位置

把"base_path:"的路径改成需要共享的 WebUI 的安装地址，比如"G:\sd-webui"。

ControlNet 是否修改取决于 ControlNet 模型安装在哪个目录，如果是安装在 ControlNet 插件下的，那就按"extensions\sd-webui-controlnet\models"修改；如果 a1111 还是遵循老目录 ControlNet 模型的存放目录，放在"model\controlnet"下，则不用修改。

图 4-33　"extra_model_paths.yaml.example"文件位置

```
#Rename this to extra_model_paths.yaml and ComfyUI will load it

#config for a1111 ui
#all you have to do is change the base_path to where yours is installed
a111:
    base_path: path/to/stable-diffusion-webui/

    checkpoints: models/Stable-diffusion
    configs: models/Stable-diffusion
    vae: models/VAE
    loras: |
        models/Lora
        models/LyCORIS
    upscale_models: |
            models/ESRGAN
            models/RealESRGAN
            models/SwinIR
    embeddings: embeddings
    hypernetworks: models/hypernetworks
    controlnet: models/ControlNet

#other_ui:
#    base_path: path/to/ui
```

图 4-34　打开"extra_model_paths.yaml"文件并修改模型位置

图 4-35　修改后的"extra_model_paths.yaml"文件及相应的模型位置

（三）更新

在"ComfyUI_windows_portable\update"文件夹下可以看到"update_comfyui""update_comfyui_and_python_dependencies"两个文件，它们分别是用来更新 ComfyUI 和配置环境的。

图 4-36　ComfyUI 的更新文件所在位置

点击"update_comfyui"更新 ComfyUI，出现"Done"就说明更新成功了。至于配置环境，一般不要动。

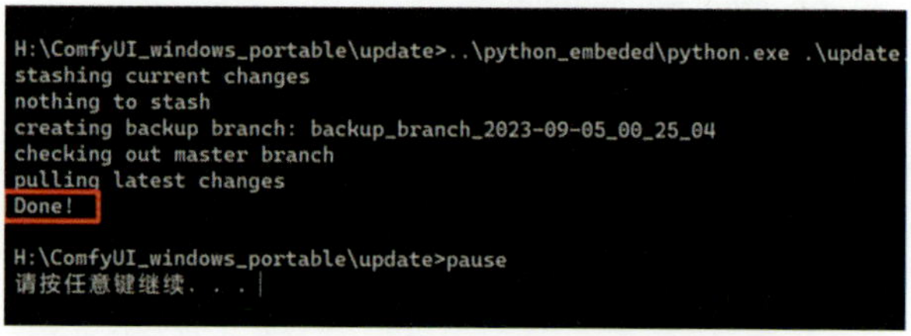

图 4-37　ComfyUI 完成更新的界面

（四）插件安装

安装好 ComfyUI 后，为了更好地使用，还需要添加几个插件。这几个插件有的是需要用在流程中的，有的是 UI 界面调整（以及汉化）。

相关插件如下：

辣椒酱的界面汉化：https://github.com/AIGODLIKE/AIGODLIKE-COMFYUI-TRANSLATION。

提示词风格样式：https://github.com/twri/sdxl_prompt_styler。

提示词中文输入：https://github.com/AlekPet/ComfyUI_Custom_Nodes_AlekPet。

小瑞士军刀美化辅助：https://github.com/pythongosssss/ComfyUI-Custom-Scripts。

ComfyUI管理器：https://github.com/ltdrdata/ComfyUI-Manager.git。

安装方式一：进入上面需要的插件链接，点击"Code—

Download ZIP" 进 行
下载，下载后解压放入
ComfyUI 的 "ComfyUI_
windows_portable\
ComfyUI\custom_
nodes" 目录中。

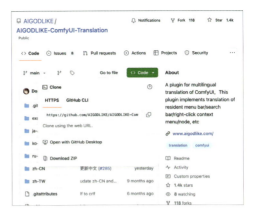

安装方式二：通
过git拉取（需要安装
git），在 "ComfyUI_

图4-38　插件下载页面

windows_portable\ComfyUI\custom_nodes" 中点击鼠标右键在终
端打开，复制下方的插件拉取信息并粘贴到终端（可以直接复制一
起粘贴），然后回车，等待安装即可。

- git clone https://github.com/AIGODLIKE/AIGODLIKE-
  ComfyUI-Translation.git
- git clone https://github.com/twri/sdxl prompt styler.git
- git clone https://github.com/AlekPet/comfyuI custom Nodes
  AlekPet.git
- git clone https://github.com/pythongosssss/comfyUI-
  Custom-Scripts.git
- git clone https://github.com/ltdrdata/comfyuI-Manager.git

安装方式三：本方法的前提是先安装 "ComfyUI 管理器" 插
件，安装方式除了可以使用我们上面讲的 "git 拉取" 和压缩包安
装外，还可以把 "install-manager-for-portable-version.bat"
文件放入 "ComfyUI_windows_portable" 文件夹，再双击安装。

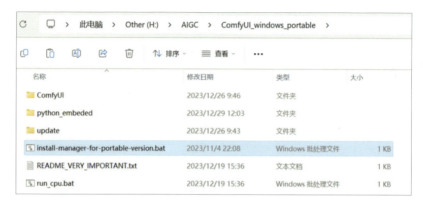

图 4-39 "ComfyUI_windows_portable"文件夹

安装好之后会在右侧菜单上显示一个"管理器"的按钮，点击便可以打开操作弹窗。

图 4-40　ComfyUI 管理器界面

可以通过这个插件安装、删除、禁用其他插件，也可以下载模型，更新 ComfyUI 等功能，但最主要的功能还是"安装节点""安装缺失节点"。单击"安装节点"搜索需要安装的节点名字后，再点击"Install"，等待安装成功即可；在使用别人分享的流程图时如果发现缺少插件（节点变成红色块），就可以点击"安装缺失节点"进行安装。

采用"管理器"安装比 git 拉取更简单，在大多数情况下也可以解决插件需要手动配置环境的操作（部分插件不可以，具体需要看插件安装要求）。

二、基础页面

（一）基础界面介绍

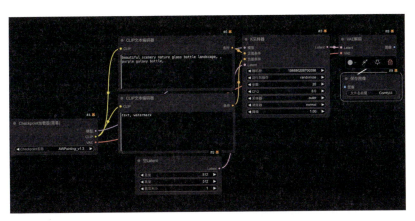

图 4-41　ComfyUI 打开后的基础界面

图 4-42　加载大模型界面

图 4-43　图像尺寸的设置界面

图 4-44　提示词界面　　　　图 4-45　采样设置界面

当一切准备完成之后，点击"Que Prompt"按钮，运行。运行过程中，运行的节点会有绿色外框，提示运行进度。

● "Save"按钮用于保存。

● "Refresh"按钮可刷新界面。

● "Clipspace"按钮用于临时粘贴并迁移图像。

● "Clear"按钮用于清空所有节点及连线。

● "Load Default"按钮用于重新加载默认工作流。

（二）基础界面的操作

界面操作：按住 Ctrl 可以进行节点的框选，按住 Shift 可移动框选住的节点。

相同颜色的节点可进行相连，不同颜色的节点需要进行转换。

Ctrl+Z 可进行上一步操作的撤销。

点击节点左上角的三条横线可收缩节点。

表 4-3　ComfyUI 中的快捷指令

快捷指令	解释
Ctrl+Enter	将当前画布上的流程加入生产队列
Ctrl+Shift+Enter	将当前画布上的流程加入生产队列第一个
Ctrl+S	保存工作流
Ctrl+O	加载工作流
Ctrl+A	全选节点
Ctrl+M	忽略 / 不忽略当前节点
Del	删除选择节点
Backspace	删除选择节点
Ctrl+Del	清空所有节点
Ctrl+Backspace	清空所有节点
Space	锚定鼠标以用来移动画布（和按住左键一样）
Ctrl+Left Button	按住左键去框选节点
Ctrl+C	复制选择节点
Ctrl+V	粘贴选择节点
Ctrl+Shift+V	带节点连接线粘贴
Shift+Left Button	多选节点
Ctrl+D	加载默认工作流
Q	查看当前生产队列
H	查看生产队列图像生成历史
R	刷新工作流
2 × Left Button	双击左键打开全局节点搜索

（三）工作流的文件保存及打开

我们在完成一个工作流后，将其保存即可发送给别人。

图 4-46　保存工作图界面

打开工作流的方法有三种：

第一种，直接点击 load，打开带有 ".json" 后缀的文件，将其在 ComfyUI 中打开，即可还原整个工作流。

第二种，将带有元数据的图片直接拖入工作流中，自己的 ComfyUI 中会出现它完整的工作流。

第三种，如果别人分享的工作流是代码形式，可以直接复制工作流代码，然后回到 ComfyUI 的面板中粘贴，整个工作流及其参数即可出现在自己的 ComfyUI 中。

三、文生图基础流程

使用 WebUI 进行文生图的时候主要用到的功能有大模型、正面提示词、反面提示词、采样器、步数、宽高、VAE、显示图像。

那么，在 ComfyUI 中，如何按照流程去把这些功能按节点连起来？

（一）创建流程

1. 大模型加载器

点击"右键—新建节点—加载器"，我们会看到很多加载器，如 Checkpoint 加载器（大模型加载器）、VAE 加载器、LoRA 加载器等。

先把大模型加载器添加进来，点击"Checkpoint 名称"，选择需要的模型。也可以使用 Checkpoint Loader，这是小瑞士军刀美化辅助（ComfyUI-Custom-Scripts）插件中的加载器，可以用来预览缩略图。

图 4-47　大模型加载器的加载操作

2. 文本输入节点（CLIP 文本编码器）

接下来添加关键词输入节点，需要注意的是，ComfyUI 没有正、反提示词的区分，都是用一个叫"CLIP 文本编码器"的节点。

用同样的方法，点击"右键—新建节点—条件—CLIP 文本编码器"。此时，需要添加两个"CLIP 文本编码器"用来输入正、反提示词。

图 4-48　CLIP 文本编码器的加载操作

由于没有区分正、反提示词，用户可以自己修改名称和颜色用于区分。修改名称时，点击"右键—标题"，输入名称后确定即可；修改节点颜色时，同样点击"右键—颜色"即可。

此时，可以发现"Checkpoint 加载器"和"CLIP 文本编码器"

上面都有一个同样名称、同样颜色的黄点"CLIP"，把它连起来（鼠标放在上面会有"＋"字标识，左键按住拖到另一个节点的对应位置就连上了）。

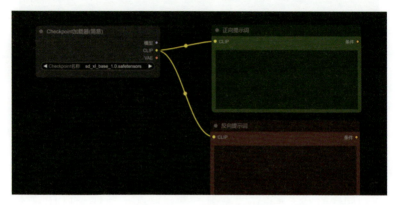

图 4-49　正反提示词界面

注意：Checkpoint 加载器只有一个 CLIP 连接点，而我们需要连接正、反两个提示词——此处可理解为作为输出可以连接多个节点，而作为输入只能连接一个。

3. 采样器

操作步骤：点击"右键—新建节点—采样—K 采样器"（此处有两个采样器，选择普通的采样器即可）。

在采样器上可以看到 7 个可以修改的选项：

随机种：随机种子，每张图都有一个随机的编号。

运行后操作：种子需要在固定、增加（在原来的种子值上+1）、减少、随机中选择一种，一般用的是固定或随机。

步数：设置我们画这张图需要去除噪波的次数。

CFG：提示词引导系数，越大越符合提示词，基本在 8 左右就够了。

采样器：选项较多，在使用 WebUI 的时候也需要进行选择，通常会选择 euler_ancestral（WebUI 中的 Euler a）、dpmpp_2m（DPM++ 2m）、dpmpp_2m_sde_gpu。

调度器：每一次迭代步数中控制噪声量大小的选项，一般选择 normal 或 karras。

降噪：和步数有关，1 就是 100% 地按照上方输入的步数去完成，0.1 就是 10%。

此时，左侧有"模型""正面提示词""负面提示词""Latent"4 个可连接的点，要分别把"模型"和"Checkpoint 加载器的模型"相连，"正面提示词"和"正面提示词"的"条件"相连，"负面提示词"和"负面提示词"的"条件"相连。

图 4-50　采样器设置界面

4. 宽度、高度、批次

宽、高分别为图片的宽度和高度，批次指一次出几张图。

"Latent"是用来连接控制出图宽高的节点。鼠标点击住"Latent"向外拉，松开然后选择"空 Latent"，直接添加节点并

连接上。此添加节
点的方法适用于任
何一个节点（前文
的模型、CLIP 都可
以通过这个方式快
速添加节点）。

图 4-51　宽度、高度、批次设置界面

5.VAE 解码

注意：此处选择的不是"VAE 加载器"，而是"VAE 解码"。

操作步骤：点击"右键—新建节点—Latent—VAE 解码"。
此外，与前文操作提示一样直接左键拖拽也可以。

将"VAE 解码"的"Latent"和"K 采样器"的"Latent"相
连，这时左侧会剩下一个 VAE，把"Checkpoint 加载器"的"VAE"
和它连在一起。

此处要注意，大部分大模型都包含有 VAE 模型，我们可以直
接连接，也可以添加一个"VAE 加载器"去加载一个 VAE 模型进行
连接。

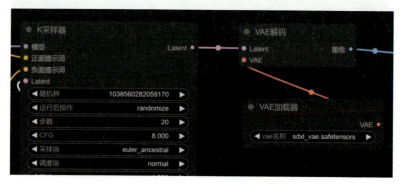

图 4-52　VAE 解码器

6. 保存图像

操作步骤：点击"右键—新建节点—图像"之后有两种选择，分别是"保存图像"和"预览图像"。保存图像比预览图像多了把生成的图像保存到 ComfyUI 下的"output"文件夹里的功能。保存图像同样具有预览的功能。

7. 生成图像

这时已经连接好所有节点了。输入关键词，调节好模型、步数、宽高等，点击右侧设置面板的"提示词队列"，或者 ctrl+ 回车，便可以生成图像。

只要生成图像成功，就说明连接的节点没问题，可以把工作流保存下来以备日后使用。

在出图的过程中进行到哪一步，哪一个节点就会有绿色的框，非常方便新手熟悉流程。

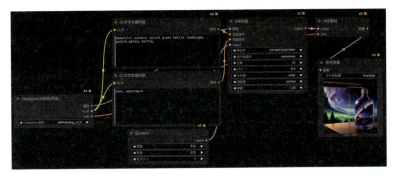

图 4-53　生成图像

（二）一些快捷指令

Clrt+C：复制。

Clrt+V：粘贴。

Clrt+Shift+V：带节点连接线粘贴。

Shift+ 鼠标左键点击：多选节点模块。

按住 Clrt+ 鼠标左键框选：框选中多个节点模块。

按住 Shift+ 鼠标左键移动：可移动多个节点模块。

每个节点模块都可在节点模块右下角拖拽变大变小。

鼠标在空白地方点击"右键—新建编组"：对内容进行编组区分（同样可以修改标题和颜色）。

四、图生图基础流程及 derfuu 插件

在使用 WebUI 进行图生图时，比文生图多了加载图像位置的步骤。所以，在使用 ComfyUI 时，也需要将图片解码成可以被识别的信息。

（一）创建流程

第一步，打开文生图基础流程，在这个基础上把图生图流程加进去。

第二步，点击"右键—新建节点—图像—加载图像"，上传图像。

第三步，在加载图像上，鼠标点住"图像"向外拉，松开后选择"VAE 编码"。

第四步，将"VAE 解码"的"Latent"和"采样器"的"Latent"连接，"VAE 解码"的"VAE"连接到"VAE 加载器"。

此时会发现两个问题：

一是，"加载图像"的"遮罩"没有连接任何节点。这个没关

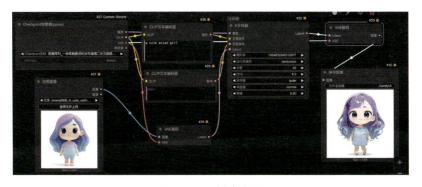

图 4-54　创建流程

图 4-55　采样器里的降噪改成 0.5 后生成的图像

系，只有在使用局部重绘的时候才使用这个功能，图生图用不到。

二是，原本的"空 Latent"断开了，不能设置尺寸。这种情况下，ComfyUI 会以我们上传的图片尺寸为基础，可以先生成图像观察效果。

此时生成的图像只是引用了图像尺寸，内容和上传的图像没有任何关系。这时，要看一下采样器里面的降噪，在文生图时我们设的数值是 1，也就是会 100% 按照提示词描述生成图像。降噪数值越低越接近原图，权重越高越偏向文字描述。我们一般会使用

0.5—0.8，其原理就是把已有的图像特征放进去再去做去噪迭代，0.8 就是我们跳过 20% 的步数，用其余 80% 的步数在原有图像噪点上进行文生图。

（二）批量出图

操作步骤：双击出现搜索界面后，输入"复制 Latent 批次"，把"复制 Latent 批次"节点串联在"VAE 编码"和"K 采样器"之间，然后设置次数。

图 4-56　加载批量出图节点"复制 Latent 批次"

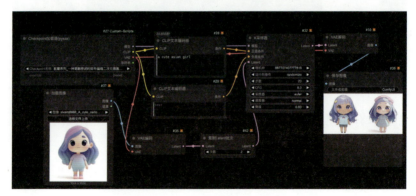

图 4-57　批量出图的工作流

（三）调整尺寸

如前所述，因为没有连接"空 Latent"，所以不能设置图像尺寸，这种情况下图像特别大或者特别小都会出问题。

如果需要调整尺寸，按如下操作：双击出现搜索界面后，输入"图像缩放"，并把它连接在"加载图像"和"VAE 解码"中间。

图 4-58　加载"图像缩放"节点

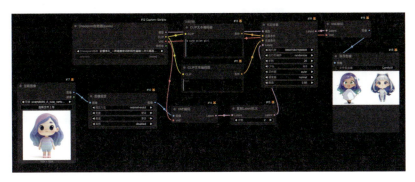

图 4-59　放入"图像缩放"节点的工作流

可以看到有四个可以设置的参数，除了缩放方法外（三种缩放方法区别不大，使用时保留默认的选项即可），中间两个是宽、高，最后一个是裁剪。有两种裁剪方式：

● disabled：直接拉伸。

● center：根据中心进行裁剪。

可以看到，这两种裁剪方式都有问题：

使用 disabled，需要知道原图的尺寸，并且按照比例计算宽高，不然就会变形。

使用 center，很可能会裁掉我们需要的内容。

图 4-60　采用 disabled 的情况下，
将一张宽高为 1024×1536 的图像变成 1024×1024 的图像的效果

图 4-61　采用 center 的情况下，
将一张宽高为 1024×1536 的图像变成 1024×1024 的图像的效果

（四）derfuu 插件

解决上述问题，可以通过 derfuu 插件，它可以根据图片比例自动计算图像尺寸。

derfuu插件地址：https://github.com/Derfuu/Derfuu_ComfyUI_ModdedNodes.git。

操作步骤：双击出现搜索界面后，输入"Image scale to side"，这时就可以将"图片缩放"换成"Image scale to side"了。

在"Image scale to side"中会看到可调节的参数（其中 upscale_method、crop 不用修改，用默认的就可以）：

side_length（边长）：side 参数选择边的尺寸。

图 4-62　加载 "image scale to side" 节点

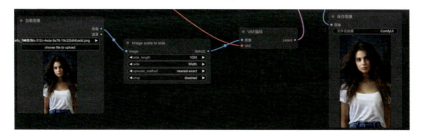

图 4-63　采用 "Image scale to side" 设置生成图像尺寸

side（边）：我们按照对图像的哪条边进行缩放，给了以下三个选择。

● Longest（长）：以图片的长度为基础进行缩放。

● Height（高）：同 Longest 控制的是一样的。

● Width（宽）：以图片的宽度为基础进行缩放。

upscale_method（缩放方法）：三种缩放方法，邻近—精准、双线性插值、区域，区别不大，不修改使用默认即可。

crop（裁剪）：与"图片缩放"时的裁剪一样，但是这个设置在这里不起作用，因为此处是通过比例进行缩放的，不用进行裁剪（使用不用修改即可）。

设置结束后，就可以修改图像了。

（五）局部重绘

前文在讲到"图生图"的流程图时，提到"加载图像"节点

没有地方连接。现在，点住"遮罩"向外拉，松开，选择"VAE 内补编码器"。"VAE 内补编码器"和"VAE 编码器"相比多了"遮罩""遮罩延展"：

遮罩：用来连接"加载图像"的遮罩。

遮罩延展：类似于羽化（根据图像大小适当调整）。

有了"VAE 内补编码器"就不再需要"VAE 编码"，并且"图像缩放"节点也可以删掉（如果图像太大，还是建议保留这个节点）。

把"VAE 内补编码器"节点的"图像""遮罩"与"加载图像"节点的"图像""遮罩"连接，"VAE"与"VAE 加载器"连接，"VAE 解码"节点的"Latent"与"K 采样器"节点的"Latent"连接。

在"加载图像"节点上点击右键选择"在遮罩编辑器打开"，

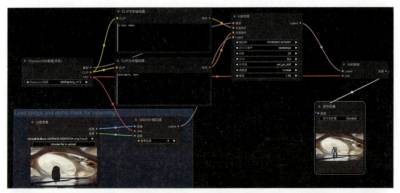

图 4-64　将人局部重绘成机器人

可以看到一个绘制重绘区域的弹窗。下方有三个按钮和一个滑块，分别是清除（清除绘制区域）、取消（关闭弹窗）、Stave to node（把重绘图像同步到节点）、滑块（调整画笔大小）。

输入想要重绘的关键词就可以生成图像了，如图 4-64 将人局部重绘成机器人。这个流程不仅能修复，还可以更换模型，将图像绘制成不同的风格。

除此之外，现在可以使用 BrushNet 节点进行更好效果的局部重绘。工作流如图 4-65 所示。

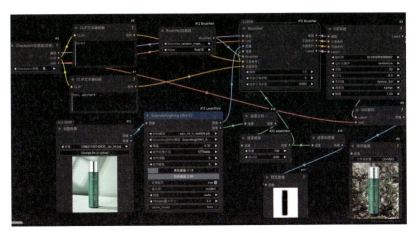

图 4-65　使用 BrushNet 节点的工作流

（六）智能扩图

可以通过对图像四周进行重绘的方式进行扩图，这时需要用到一个"外补画板"节点，操作步骤：点击"右键—新建节点—图像—外补画板"。

上、下、左、右是设置向外扩散尺寸的，羽化和 VAE 内补编码器的遮罩延展功能相同。

图 4-66　外补画板的加载操作

　　"外补画板"节点是连接在"加载图像"（如果添加了"图片缩放"节点，那就在这个节点后面）节点和"内补模型条件"节点之间的，如图 4-67 所示。注意大模型需选择 Inpaint 版本，并将降噪设成"1"。

图 4-67　将"外补画板"节点连接在"加载图像"（若添加了"图片缩放"
节点，那就在该节点之后）节点和"内补模型条件"节点之间

图 4-68　扩图后效果

五、图片放大与细节修复

当生成的图片分辨率太小时，可以通过模型放大、潜在放大、分块放大等多种方式对图像进行放大。

（一）基础工作流

在把文生图生成的图像进行放大之前，需要打开之前搭建的文生图基础流程。

1. 模型放大

模型放大最简单，和在 WebUI 上使用后期处理进行放大一样，只是通过放大算法对图像进行直接放大（也就是图像空间放大），这会导致放大后的图片有细节损失，甚至看起来很假，但是它在搭配其他的放大方式后，效果会变好。

操作步骤：点击"右键—新建节点—图像—放大—图像通过模型放大"。

图 4-69　使用"图像通过模型放大"方法的示意

将左侧的"放大模型"通过拖拽连接"放大模型加载器"，通过点击"右键—新建节点—加载器—放大模型加载器"进行连接也可以。

图 4-70　连接"放大模型加载器"示意

选择自己需要的放大模型（通过管理器的安装模型可以下载放大模型），其中推荐 BSRGAN、ESRGAN、SwinIR_4K、RealESRGAN_x4plus。

左侧的"图像"连接"VAE 解码"输出的图像，右侧直接连接保存图像。在这个过程中，并不需要设置图片放大的倍数，因为"模型放大"是直接根据所选放大模型进行放大的，一般都是放大 4 倍。

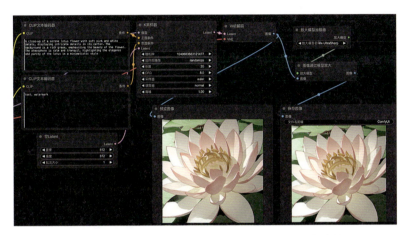

图 4-71　使用"图像通过模型放大"方法的节点连接

2. 潜在放大

在 WebUI 上进行高分辨率修复时，会看到在选择放大算法时，有以 Latent 开头的几个算法可供选择，这其实就是进行潜在放大需要用到的流程。

潜在放大是在潜空间进行放大，也就是对 Latent 进行缩放，然后对缩放后的 Latent 进行重新采样，进而增加细节达到放大的目的。

操作步骤：点击"右键—添加节点—潜空间—潜空间图像放大（按尺寸）/潜空间图像放大（按比例）"。按尺寸放大需要设置宽高，按比例放是根据倍数放大，可以根据自己的需要进行选择。

然后再串联一个采样器。

图 4-74 是一个连接好的工作流，这里选择的是"潜空间图像

图 4-72　WebUI 中的潜在放大算法

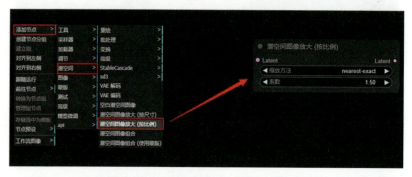

图 4-73　使用"潜在放大"方法的示意

图 4-74　"潜空间图像放大（按比例）"的示意

放大（按比例）"。注意：降噪数值一定要在 0.5 左右，数值过低图像可能会出错。放大倍数也不要太大，太大同样可能出错。

（二）UltimateSDUpscale（终极 SD 放大）

每次使用时都搭建一遍分块放大等的流程很繁琐，使用"ComfyUI_UltimateSDUpscale"插件会更简单。

插件下载地址：https://github.com/ssitu/ComfyUI_UltimateSDUpscale.git。压缩包解压安装、git 拉取、管理器安装都可以。

操作步骤：双击出现搜索界面后，加载"SD 放大"节点。这个插件有两个功能，一个是细节修复 + 放大（SD 放大），一个是细节修复 [SD 放大（不放大）]。主要用到的是 SD（放大），它们的区别在于是否连接放大模型。

这个放大插件对"模型放大 + 分块放大"进行了

图 4-75　UltimateSDUpscale 放大示意

组合，节点与前文用的"K 采样器（分块）"很相似。UltimateSD Upscale 插件主要需要关注以下几个操作。

mode_type（模式类型）：

● Linear（直线）：逐行进行拼接（更快，但是会有概率出现伪影，默认使用这个）。

● Chess：棋盘拼接，可以理解成"X"形状的拼接样式（慢一些，出现伪影的概率小）。

mask_blur（模糊）：拼接区域的羽化程度默认 8 即可，融合不好的情况下可以适当调高。

Tile_padding（分块区域）：相邻融合像素，和上文的 padded（填充）策略一样，不过这个插件可以设置融合像素的值。

seam_fix_mode（接缝修复模式）：有三种模式选择，Band Pass（速度快）、Half Tile（质量好）、Band Pass + Half Tile（速度和质量折中），默认选择 None 也可以。

连接比较简单，连接一个"放大模型加载器"，其他的就按照名字连接即可。

图 4-76　插件放大的节点连接

（三）几种放大方式的比较

"模型放大"最快但效果最差，是最不推荐的。常用的是
"UltimateSDUpscale 插件放大"。

每种放大方式都有利弊，我们可以用多种方式一起进行放大，
比如：潜在放大＋UltimateSDUpscale 插件放大，这样放大后的图
片可能效果更好，细节更丰富。

六、ComfyUI 相关网站

（一）官方网站

ComfyUI Example网址：https://comfyanonymous.github.io/
ComfyUI_examples/。

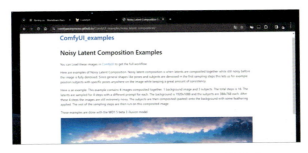

图 4-77　ComfyUI_examples 网站界面

可根据需要检索不同分类下的工作流并下载使用，包含作者撰
写的各种工作流的应用说明。

如果想一次性下载所有工作流，可以将以下网址中的项目下
载／克隆到本地：https://github.com/comfyanonymous/ComfyUI_
examples。

图 4-78 ComfyUI_examples 下载界面示意

（二）国内网站

1.eSheep

在 eSheep 主页点击"工作流 / 应用"分区，即可浏览、下载或在线运行各类工作流。

网址：https://www.esheep.com/app。

图 4-79 eSheep 网站界面

2.AIGODLIKE

网址：https://www.aigodlike.com/。

下拉选取"Comfy 奥术"，即可查看其他用户上传的 ComfyUI 生成图片，保存或复制参数即可读取图片中的工作流。

图 4-80　AIGODLIKE 网站界面

（三）国外网站

1. Civitai 分区

Civitai，也称"C站"。点筛选，选择 workflows 就能找到很多"大神"的 ComfyUI 工作流。

图 4-81　Civitai 网站界面

网址：https://civitai.com/models。

2. Comfy Workflows

点击链接"https://comfyworkflows.com/"，选择 Workflows。

图 4-82　Comfy Workflows 网站界面

3. OpenArt.AI

"OpenArt.AI"是全球最大的 ComfyUI 工作流平台。网址：
https://openart.ai/workflows/home。

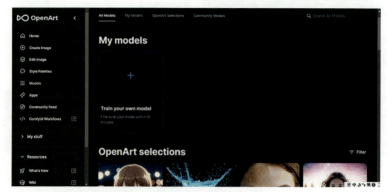

图 4-83　OpenArt 网站界面

4. GitHub

输入 ComfyUIworkflow，可以找到许多相关的有趣工作流，一般是计算机科学专业学生的必备网站。

网址：https://github.com/github。

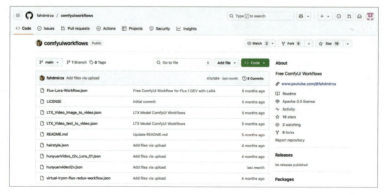

图 4-84　GitHub 网站上 ComfyUIworkflow 示例

5. Comfy.ICU

网址：https://comfy.icu/。

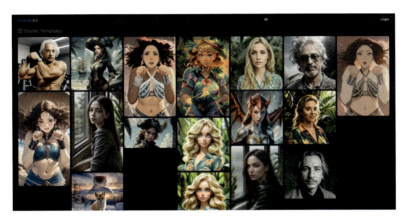

图 4-85　Comfy.ICU 网站界面

第四节　DALL-E 3

DALL-E 3 是 OpenAI 开发的一款 AI 绘画工具，通过文本提示生成高质量的图像。相比 Midjourney、Stable Diffusion 等同类 AI 绘画工具，DALL-E 3 具有如下特点：

第一，高质量图像生成：DALL-E 3 在生成高分辨率和复杂图像方面表现出色，能够处理细节丰富的场景，给人以精致的视觉体验。

第二，多样化的风格：DALL-E 3 能够根据文本提示生成各种风格的图像，包括照片级真实感和不同艺术风格，满足不同用户的创作需求。

第三，灵活的文本提示：DALL-E 3 对文本提示的理解和响应能力较强。

第四，高速生成：DALL-E 3 的图像生成速度较快，高分辨率图像也能够快速生成，满足用户的设计需求。

但是，DALL-E 3 也存在一些缺点：

第一，访问受限：DALL-E 3 需要通过 OpenAI 的 API 访问，可能存在使用限制，影响用户的使用体验。

第二，成本较高：商业使用 DALL-E 3 需要支付 API 费用，可能会高于某些开源或免费的 AI 绘图工具，限制了部分潜在用户的尝试。

第三，生成结果存在一定不可控因素：DALL-E 3 生成的图像结果可能与用户期望不符，用户需要反复调整文本提示和参数来获得理想结果。

（一）在 ChatGPT（付费）中使用 Dall-E 3 和 GPT-4

接下来我们看看，如何在 ChatGPT（付费）中使用 Dall-E 3 和 GPT-4。

首先，访问 ChatGPT 平台并登录 OpenAI 账户。注意，必须订阅 ChatGPT Plus 服务（每月 20 美元）。

接下来，点击"GPT-4"模型，并从下拉菜单中选择"DALL-E 3"。

完成后，在 ChatGPT 中输入提

图 4-86　DALL-E 3 操作示意

示，使用 DALL-E 3 模型生成 AI 图像。

它将使用 GPT-4 自动创建详细的提示，并直接生成图像。生成图像如图 4-87。

在某些情况下，DALL-E 3 会因违反内容政策（如试图创建基于版权艺术或暴力的图像时）而拒绝生成图像。

图 4-87　DALL-E 3 图片生成界面

图 4-88　DALL-E 3 拒绝部分提示词之后的图片的示意图

图 4-89　DALL-E 3 拒绝全部提示词之后的示意图

（二）通过免费必应图像创建工具使用 DALL-E 3

如果没有订阅 ChatGPT Plus，仍然可以通过 Bing Image Creator（必应图像创建者）免费访问 DALL-E 3 生成 AI 图像。此外，也可以在必应聊天工具中免费访问DALL-E 3。请记住，它允许在一天内快速生成99张图片，之后的过程会稍显缓慢。以下是通过必应生成图像的步骤：

第一步，访问必应图像生成器，然后登录Microsoft账户。

第二步，输入简短或详细的提示，使用DALL-E 3快速生成图像。

第三步，它可以同时创建3—4个图像。

图4-90　使用 Microsoft 账户让
DALL-E 3 生成图像

图4-91　基于 Microsoft 账户的
DALL-E 3 生成的图像

DALL-E 3基本上可以与Midjourney相媲美。不过在肖像方面，Midjourney似乎仍占上风。

但是，DALL-E 3的内容策略框架过于严格，即使是无害的提示也有可能被阻止。OpenAI在其技术文件中解释说，它拒绝"以在世艺术家的风格生成图像的尝试"。

第五节　20 种提示词公式使用方法

接下来，介绍 20 种提示词的公式使用方法，这些提示词适用于 Midjoureny、DALL-E3 等主流 AIGC 绘画工具。

一、大自然的壮丽景观（Nature's Majesty）

提示词公式　A serene landscape of [specific region], showcasing [dominant natural feature], inhabited by [species of animals], during [time of day or season].

提示词示例　A serene landscape of the African savannah, showcasing the vast grasslands, inhabited by elephants and zebras, during a golden sunset.

图 4-92　"大自然的壮丽景观"出图示意

二、电影般的瞬间（Cinematic Snapshots）

提示词公式　High-resolution cinematic photograph capturing [subject or event], taken from [specific angle or perspective], employing [camera technique], to evoke [specific emotion or atmosphere].

提示词示例　High-resolution cinematic photograph capturing a bustling Tokyo street at night, taken from a bird's-eye view, employing a long exposure, to evoke the frenetic energy and motion of urban life.

图 4-93　"电影般的瞬间"出图示意

三、艺术炼金术（Artistic Alchemy）

提示词公式　Digital artwork blending [two distinct art styles], to depict [subject], integrating elements of [specific details or themes], creating a harmonious yet unexpected fusion.

提示词示例　Digital artwork blending Cubism and Japanese Ukiyo-e, to depict a geisha, integrating elements of fragmented geometric shapes and traditional woodblock aesthetics, creating a harmonious yet unexpected fusion.

图 4-94　"艺术炼金术"出图示意

四、平台游戏设计（Platformer Game Design）

提示词公式　Concept art for a [game genre] set in [specific setting], showcasing [main characters or elements], detailed with [specific design style], emphasizing [specific theme or emotion].

提示词示例　Concept art for a platformer game set in an enchanted forest, showcasing mystical creatures and hidden temples, detailed with hand-painted textures, emphasizing the theme of discovery and wonder.

177

图4-95 "平台游戏设计"出图示意

五、跨维度写实主义（Interdimensional Realism）

提示词公式　Oil painting capturing a scene from [specific setting], blending realism with [specific surreal elements], creating [specific gateways or vistas] into [alternate dimensions or realities realm].

提示词示例　Oil painting capturing a serene lakeside scene, blending realism with surreal elements, where the lake's surface becomes a window into a vibrant alien world teeming with bioluminescent flora and fauna.

图4-96 "跨维度写实主义"出图示意

六、未来时尚（Futuristic Fashion）

提示词公式　Comprehensive design sketches for [occasion], showcasing outfits with [materials] enhanced by [tech elements], drawing inspiration from both [historical era] and [future predictions], [accessories and footwear details] are elaborated.

提示词示例　Comprehensive design sketches for a space gala, showcasing outfits with silk enhanced by luminescent threads, drawing inspiration from both Renaissance and predicted Martian styles, details of anti-gravity heels and holographic tiaras are elaborated.

图 4-97　"未来时尚"出图示意

七、数字霸主（Digital Domination）

提示词公式　Website landing page design for a [specific product or service], incorporating [specific design elements or features],

179

using [specific color palette or design style], with a focus on [specific call to action].

提示词示例　Website landing page design for a digital marketing agency, incorporating dynamic animations and client testimonials, using a bold red and black color palette, with a focus on "Schedule a Free Consultation".

图 4-98　"数字霸主"出图示意

八、复古照片（Vintage Vignettes）

提示词公式　Photograph of a [specific decade] moment at [iconic location], highlighting [central characters] amidst a crowd.

提示词示例　Photograph of a 1960s moment at Woodstock, highlighting two young lovers dancing amidst a sea of festival-goers.

图 4-99 "复古照片"出图示意

九、商务名片优雅设计（Business Card Elegance）

提示词公式 Business card design for an [entrepreneur or business type], using a [specific design style], with [specific elements or embellishments], aiming to [leave a memorable and lasting impression].

提示词示例 Business card design for a bespoke tailor, using an art deco style, with gold foil patterns and intricate borders, aiming to exude elegance and craftsmanship.

图 4-100 "商务名片优雅设计"出图示意

十、城市风景（Urban Unveilings）

提示词公式　Pencil sketch capturing a [specific urban environment], highlighting [specific architectural or environmental features], detailed in [drawing technique], accentuated by [specific urban elements or activities].

提示词示例　Pencil sketch capturing a bustling marketplace, highlighting wrought-iron lamp posts and cobblestone paths, detailed in cross-hatching, accentuated by street performers and cafe terraces.

图 4-101　"城市风景"出图示意

十一、生物机械之美（Biomechanical Beauty）

提示词公式　Art piece depicting a [creature] embodying both [natural elements] and [mechanical components], set in a [type of environment] with [lighting conditions].

提示词示例　　Art piece depicting an owl embodying both feathery wings and steampunk gears, set in a twilight forest with ethereal moonlight filtering through.

图 4- 102　"生物机械之美"出图示意

十二、街头风采之触（Street Style Sensation）

提示词公式　　Merchandise design for [specific brand or artist], suitable for [specific product type], using [specific art style], including [specific elements or symbols], aiming to appeal to [specific target audience].

提示词示例　　Merchandise design for an urban streetwear brand, suitable for hoodies, using graffiti art style, including urban cityscape elements, aiming to appeal to trendy young adults.

图 4- 103　"街头风采之触"出图示意

183

十三、大片风采（Box Office Hit）

提示词公式　Movie poster design for [film title], showcasing [lead actors] in [dramatic poses] against [setting or backdrop], complemented by [specific graphic elements or typography].

提示词示例　Movie poster design for Adrift, showcasing two astronauts in action-packed poses against an alien planet backdrop, complemented by retro-futuristic typography.

图 4-104　"大片风采"出图示意

十四、绘制全景画（Painted Panoramas）

提示词公式　Expansive oil painting of [natural setting], with [specific flora and fauna], bathed in the glow of [light source], rendered in [specific style or technique].

提示词示例　Expansive oil painting of the Rocky Mountains, with towering pines and grazing elk, bathed in the soft glow of dawn, rendered in a classic impressionist style.

图 4- 105　"绘制全景画"出图示意

十五、充满活力的舞蹈（Dynamic Dance）

提示词公式　Action shot capturing [type of dance], performed by [number of dancers], in [specific setting or environment], aiming to depict [specific emotion or energy].

提示词示例　Action shot capturing a tango duet, performed by a passionate pair, in a dimly lit ballroom, aiming to depict the fervor and intensity of their connection.

图 4- 106　"充满活力的舞蹈"出图示意

十六、病毒式营销（Viral Marketing）

提示词公式　Marketing poster for a [product or service], using a [specific design style], showcasing [specific elements or features], with a catchy tagline [that emphasizes unique selling proposition].

提示词示例　Marketing poster for a smartwatch, using a futuristic neon style, showcasing its sleek design and fitness tracking features, with the catchy tagline "Wear the Future".

图 4-107　"病毒式营销"出图示意

十七、金属艺术（Metal Art）

提示词公式　Digital artwork using a liquid metal technique, portraying [specific subject] in [specific action or state], where the [specific metal type] texture flows and melds, capturing [specific light source] reflections and creating a sense of [specific emotion].

提示词示例　Digital artwork using a liquid metal technique, portraying a phoenix in mid-flight, where the silver texture flows and melds, capturing the sun's reflections and creating a sense of fluidity and rebirth.

图 4- 108 "金属艺术"出图示意

十八、航海故事（Nautical Narratives）

提示词公式　Watercolor seascape of [specific maritime location], with [types of vessels or marine life], under [specific weather condition], rendered with [specific brushwork or technique].

提示词示例　Watercolor seascape of a serene harbor, with fishing boats and playful dolphins, under a pastel sunset, rendered with wet-on-wet blending.

图4-109 "航海故事"出图示意

十九、当代工艺品（Contemporary Craftsmanship）

提示词公式　Sculpture design for [a type of public space], inspired by [modern art movement], utilizing [materials], showcasing [specific features or functionalities].

提示词示例　Sculpture design for an urban park, inspired by minimalism, utilizing polished granite, showcasing cascading water features with interactive light displays.

图4-110 "当代工艺品"出图示意

二十、发光几何（Geometric Luminescence）

提示词公式　　Vector design focusing on [specific subject], using sharp geometric patterns illuminated from [specific source], creating a radiant mosaic that plays with [specific light interactions].

提示词示例　　Vector design focusing on a city skyline at night, using sharp geometric patterns illuminated from within, with each building and structure creating a radiant mosaic that plays with the contrasting moonlight and city lights.

图 4-111　"发光几何"出图示意

练 习

1. 使用 ControlNet，基于现有的一张图片，提取线稿，并对线稿进行重新上色。

2. 使用 ControlNet，基于现有的一个 3D 白模，生成自己喜欢的设计图。

3. 使用 ControlNet，生成自己喜欢的 IP 形象的三视图。

4. 使用 ControlNet，生成一幅艺术字海报。

5. 选择一位历史人物或名人作为肖像画的主题，生成人物不同风格、不同场景、不同动作、不同着装的系列画，并综合应用多个 ControlNet，对其中一张图像打上氛围光。

第五章

AIGC 的使用方法：视频

第一节　Runway

Runway Gen-3 是一款基于人工智能的视频生成工具，能够通过文本描述、图像或视频输入生成高质量的视频内容。该工具广泛应用于影视制作、内容创作、教育培训等领域。其主要功能特点如下：

- 文本转视频：通过文字描述生成视频内容。
- 图像转视频：将静态图片转换为动态视频。
- 视频编辑：对现有视频进行 AI 驱动的编辑处理。
- 风格转换：应用不同的艺术风格和视觉效果。

（一）Runway Gen-3 的两个模型版本

Runway Gen-3 提供两个不同的模型版本，以满足不同用户的需求。如何选择合适的版本？

- 初期创意测试：使用 Turbo 版本快速验证想法。

- 最终成品制作：使用 Alpha 版本获得最佳质量。

- 预算考量：Turbo 版本更经济实惠。

- 时间紧迫程度：Turbo 版本提供更快的交付速度。

5-1　Runway Gen-3 的两个不同模型版本

表 5-1　Gen-3 Alpha 与 Gen-3 Alpha Turbo 对比

类别	Gen-3 Alpha（标准版）	Gen-3 Alpha Turbo（快速版）
生成质量	最高品质的视频输出	良好品质，略低于标准版
生成时间	较长，通常需要 2—5 分钟	快速生成，通常可在 30 秒—1 分钟内完成
适用场景	专业制作、最终成片、高质量要求的项目	快速原型制作、预览测试、批量内容生成
成本	相对较高的信用点消耗	较低的信用点消耗
推荐用途	在需要最佳视觉效果和细节表现时选择	在需要快速迭代和测试创意想法时选择

（二）账户注册与登录

第一步，访问官网。打开浏览器，访问 Runway 官网：https://runwayml.com。

第二步，注册账户。点击页面右上角的"Sign Up"按钮，选择注册方式（邮箱注册或 Google 账户登录），填写必要信息并验证邮箱。

第三步，选择订阅计划。

免费计划：提供基础功能和有限的生成次数。

付费计划：解锁更多高级功能和更高的使用配额。

（三）界面介绍

登录后进入主控制台，界面主要包含以下区域：

- 顶部导航栏：包含项目管理、用户设置等功能。

- 左侧工具栏：各种 AI 工具的快速入口。

- 中央工作区：主要的操作和预览区域。

- 右侧属性面板：参数设置和选项调整区域。

- 底部状态栏：显示生成进度和账户使用情况。

（四）基础视频生成

1. 文本转视频功能

第一步，选择 Gen-3 工具和版本。

在左侧工具栏中找到并点击"Gen-3"工具，根据自己的需求选择合适的版本：首次尝试或快速测试选择"Gen-3 Alpha Turbo"，最终成品制作选择"Gen-3 Alpha"。

第二步，输入文本提示词。

在文本输入框中详细描述想要生成的视频内容。示例提示词：一只橘色的猫咪在阳光明媚的花园里追逐蝴蝶，画面采用电影级的拍摄手法，慢镜头展现，背景是绿色的草地和五彩斑斓的花朵。

第三步，调整生成参数。

● 视频长度：选择5秒或10秒。

● 分辨率：1280×768 像素。

● 风格设置：真实、动画、艺术等风格选项。

● 模型版本确认：确保选择了合适的 Alpha 或 Turbo 版本。

第四步，开始生成。

点击"Generate"按钮开始生成视频。Gen-3 Alpha 版本显示预计生成时间 2—5 分钟，Gen-3 Alpha Turbo 版本显示预计生成时间 30 秒—1 分钟。

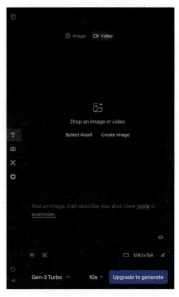

图 5-2　Gen-3 Alpha Turbo
操作界面

第五步，预览和下载。

生成完成后，在预览窗口查看结果，满意后可下载视频文件。如果使用 Turbo 版本生成的效果满足需求，可直接使用；如果需要更高质量，可以使用相同提示词切换到 Alpha 版本重新生成。

2. 图像转视频功能

上传参考图像，点击"Image to Video"选项，拖拽或点击"Select Asset"按钮选择图片文件，支持 jpg、png 等常见格式。

Runway Gen-3 提供多种预设风格：

图 5-3　多种内置风格

- 电影级：专业电影制作风格。

- 动画：卡通和动画效果。

- 艺术：油画、水彩等艺术风格。

- 科幻：未来感和科技感风格。

（五）项目管理

1. 项目管理操作步骤

第一步，创建和组织项目。

第二步，新建项目。

第三步，点击"New Session"按钮。

第四步，输入项目名称和描述。

第五步，选择项目类型和模板。

2. 项目文件管理

文件夹结构：按类型组织素材和输出文件。

版本控制：保存不同版本的生成结果。

协作功能：与团队成员共享项目。

（六）输出与分享

1. 导出视频格式选择

MP4 格式：通用性最好，适合大多数平台。

MOV 格式：适合专业视频编辑软件。

GIF 格式：适合社交媒体分享。

2. 质量和压缩设置

高质量：原始分辨率，文件较大。

标准质量：平衡质量和文件大小。

压缩版本：小文件，适合快速分享。

3. 分享功能

直接分享。

链接分享：生成可分享的链接。

社交媒体：直接发布到各大平台。

嵌入代码：用于网站集成。

（七）常见问题解答及使用技巧

1. 技术问题

Q1：视频生成失败怎么办？

A：检查提示词是否过于复杂，尝试简化描述或调整参数设置。

Q2：生成的视频质量不理想怎么办？

A：优化提示词的描述，使用更具体和详细的语言，或尝试不同的风格设置。

Q3：如何提高生成速度？

A：选择较短的视频长度，避免在高峰时段使用，确保网络连接稳定。

2. 使用技巧

提示词编写建议：

● 使用具体且详细的描述。

● 包含视觉细节（颜色、光线、构图）。

● 指定摄像机角度和运动。

● 避免过于复杂的场景描述。

版本选择策略：

● 创意探索阶段：使用 Turbo 版本快速测试多个创意方向。

● 细节优化阶段：使用 Alpha 版本生成高质量的最终版本。

● 批量生成：使用 Turbo 版本节省时间和成本。

● 重要项目：使用 Alpha 版本确保最佳视觉效果。

最佳实践：

● 从简单的场景开始练习。

● 使用 Turbo 版本进行多次参数测试。

● 确定最佳设置后切换到 Alpha 版本生成最终成品。

● 保存成功的提示词模板。

● 定期查看官方更新和新功能。

成本优化建议：

● 在 Turbo 版本中测试和调试提示词。

● 只在满意的提示词上使用 Alpha 版本。

● 合理规划项目周期，避免紧急使用 Alpha 版本。

Runway Gen-3 作为领先的 AI 视频生成工具，为创作者提供了强大的视频制作能力。通过掌握本教程中的操作方法和技巧，用户将能够高效地利用这一工具创作出令人印象深刻的视频内容。技术在不断发展，建议大家定期关注 Runway 官方更新，学习新功能的使用方法，以充分发挥工具的潜力。

第二节　可　灵

可灵 AI（Kling AI）是快手推出的新一代 AI 创意生产力平台，基于快手自研大模型可灵和可图，提供 AI 视频及图像生成能力，是目前比较好用的 AI 视频工具。

图 5-4　可灵 AI 使用界面示意

一、文本生成视频

输入一段文字，可灵大模型可根据文本生成 5 秒或 10 秒（标准模式下仅支持 5 秒）的视频，将文字转变为视频画面。

提示词 =（镜头语言 + 光影）+ 主体（主体描述）+ 主体运动 + 场景（场景描述）+（氛围）。

括号里的内容可选填，下面详细介绍一下提示词。

镜头语言是指通过镜头的各种应用以及镜头之间的衔接和切换来传达故事或信息，并创造出特定的视觉效果和情感氛围。如超大远景拍摄，背景虚化、特写。

镜头类型包括：

● 远景（Long Shot, 即 LS）：展示人物与环境的关系。

● 全景（Full Shot, 即 FS）：展示人物全身。

● 中景（Medium Shot, 即 MS）：通常从腰部以上拍摄。

● 近景（Close-up, 即 CU）：特写人物的脸部或特定物体的细节。

● 特写（Extreme Close-up, 即 ECU）：更加集中的特写，如眼睛、手或物体的某个部分。

镜头运动包括：

● 平移（Pan）：相机水平移动。

● 倾斜（Tilt）：相机垂直移动。

● 跟踪（Track）：相机跟随移动的物体。

● 变焦（Zoom）：镜头焦距的变化，可以拉近或拉远。

角度包括：

● 高角度（High Angle）：从上方拍摄，使主体显得较小。

● 低角度（Low Angle）：从下方拍摄，使主体显得较大或更有力量。

● 眼平角度（Eye Level）：相机与主体的眼睛在同一水平线上。

景深包括：

● 浅景深（Shallow Depth of Field）：只有主体是清晰的，背景模糊。

● 深景深（Deep Depth of Field）：前景和背景都是清晰的。

光影是赋予摄影作品灵魂的关键元素，光影的运用可以使照片更具深度，更具情感，我们可以通过光影创造出富有层次感和情感表达力的作品。如氛围光照、晨光、夕阳、光影、丁达尔效应、灯光等。

主体是视频中的主要表现对象，是画面主题的重要体现者，如人、动物、植物、物体等。主体描述是对主体外貌细节和肢体姿态等的描述，可通过多个短句进行列举，如运动表现、发型发色、服饰穿搭、五官形态、肢体姿态等。主体运动是对主体运动状态的描述，包括静止和运动等，运动状态不宜过于复杂，符合 5 秒或 10 秒视频内可以展现的画面即可。

场景是主体所处的环境，包括前景、背景等。场景描述是对主体所处环境的细节描述，如室内场景、室外场景、自然场景等，可通过多个短句进行列举，但不宜过多，符合 5 秒或 10 秒视频内可以展现的画面即可。

氛围是对预期视频画面的氛围描述，如热闹的场景、电影级调色、温馨美好等。

写提示词时需要注意：

第一，简单语句，尽量使用简单词语和句子结构，避免使用过于复杂的语言。

第二，画面内容尽可能简单，可以在 5 秒内完成。

第三，用"东方意境、中国、亚洲"等词语更容易生成中国风和中国人。

第四，模型对数字不敏感，比如提示词中有"10 个小狗在海滩上"时，生成视频中小狗的数量很难与提示词保持一致。

第五，分屏场景，可以使用提示词"4 个机位，春夏秋冬"。

二、图片生成视频

上传任意图片，可灵大模型可根据图片信息生成 5 秒或 10 秒（标准模式下仅支持 5 秒）的视频，同时支持添加提示词控制图像运动。

提示词 = 主体 + 运动，背景 + 运动。

主体指画面中的人物、动物、物体等主体。运动指目标主体希望实现的运动轨迹。

写提示词时需要注意：

第一，尽量使用简单词语和句子结构，避免使用过于复杂的语言。

第二，运动符合物理规律，尽量用图片中可能发生的运动。

第三，描述与图片相差较大时，可能会引起镜头切换。

三、视频延长

对生成后的视频可续写 4—5 秒，支持多次续写（最长 3 分钟），可通过微调提示词进行视频续写创作。

提示词 = 主体 + 运动。

第三节　Luma Dream Machine

Luma Dream Machine 是由 LumaAI 开发的一款视频生成模型。目前支持两种模式：文生视频和图生视频。在文生视频模式下，用户在输入框中输入文本，Dream Machine 会根据输入的文字内容生成视频；在图生视频模式下，用户可以上传一张图片，Dream Machine 会将这张图片转换成动态视频。Luma Dream Machine 也是目前效果较好的 AI 视频工具之一，使用方法与可灵基本类似。

图 5-5　Luma Dream Machine 网站界面

图 5-6　Luma 使用界面示意

第四节　Stable Video Diffusion

Stable Video 是一个基于 Stable Video Diffusion（SVD）技术的 AI 视频生成平台，于 2023 年 11 月发布。Stable Video Diffusion 是 Stability AI 的首款视频生成工具，可以通过文字或图像生成 14fps 或 25fps 的作品。

一、账号注册登录

第一步，打开官网（网址：https://www.stablevideo.com/）。

第二步，点击右上角的"Generate"跳转到操作界面。

图 5-7　Stable Video Diffusion 网站界面

第三步，在操作界面，可以看到图生视频、文生视频两个选项，中间为提示词输入和风格设置区域。

图 5-8　Stable Video Diffusion 操作界面示意

二、图生视频

第一步，点击图生视频功能，上传图片，根据需要调整参数。

参数说明：

Camera Motion：提供了多种模拟相机运动的选项。

Camera：分为"Locked"相机固定不动和"Shake"模拟相机震动效果两种模式。

Tilt：相机的垂直翻转动作，可以向上（Up）或向下（Down）翻转。

Orbit：相机围绕场景旋转。

Pan：相机的水平翻转动作。

Zoom：相机的缩放动作，可以选择放大（In）或缩小（Out）。

Dolly：相机沿着某条线移动，类似于推进（In）或拉出（Out）的动作。

Move：相机向上（Up）或者向下（Down）移动。

图 5-9　Stable Video Diffusion 图生视频界面

第二步，点击展开界面上的"Advanced"，根据需要调整以下参数。

图 5-10 Advanced 在界面上的位置示意

Seed：每张图片后的代码编号，种子数。

Steps：迭代步数，更多步数可以生成更高质量的视频，但相应的生成速度就会减慢。

Motion Strength：生成的视频中运动量的多少。数值越高，视频中的运动效果越显著。

第三步，设置好之后，点击"Generate"开始运行生成。

第四步，点击右上角的"Download"进行下载。

图 5-11 Download 在界面上的位置示意

三、文生视频

第一步，输入提示词。示例："african elephant"。

图 5-12　输入提示词示意

第二步，点击"Aspect Ratio"，选择画面尺寸，有三种尺寸可供选择，分别为 16∶9、9∶16、1∶1。

图 5-13　画面尺寸选择示意

第三步，点击"Style"，Stable Video 提供了 3D 效果、电影风格、漫画风、线条艺术、霓虹朋克等 17 种风格。

图 5-14　风格选择示意

第四步，选择好风格后，点击"Generate"，生成 4 张图片，选择你最喜欢的一张图来生成视频。生成的图片同样可以点击"Download"标识下载。

图 5- 15　图片生成示意

第五步，选择镜头运动的方向，调节好运动幅度，点击"Proceed"生成。参数与图生视频相同，请参考上文。

图 5- 16　选择镜头运动方向并生成视频示意

第六步，点击"Download"下载视频。

图 5-17　下载视频示意

第五节　Pika

Pika 是由Pika Labs 推出的一个全新的人工智能模型，能够生成和编辑三维动画、动漫、卡通和电影等不同风格的视频。

网址：https://www.pika.art/。

Pika 支持文生视频、图生视频、文 + 图生视频功能。

图 5-18　Pika 网站界面

一、文生视频功能

第一步，在对话框中输入提示词。

图 5-19　提示词输入示意

第二步，点击输入框右下角的"Video options"，可以选择视频尺寸以及帧速率。

第三步，点击右下角的"Motion control"运动控制功能，不仅能对画面镜头运动方向进行控制，还能对"Strength of motion"（运动速度）进行调节，参数越大，运动幅度越大。

图 5-20　视频选项示意

图 5-21　镜头运动和运动速度调整示意

图 5-22 参数调整示意

图 5-24 点击生成视频示意

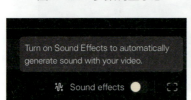

图 5-23 是否为视频生成声音示意　图 5-25 重新生成视频的参数选择示意

第四步，点击右下角的"Parameters"，可以设定否定词、种子值，以及与文本一致性的参数值。

第五步，点击"Sound effects"可勾选是否自动为视频生成声音。

第六步，基础参数设置完后，即可点击生成。

第七步，视频下方有 5 个功能可供选择，分别为重新生成、重新改写提示词、编辑、增加 4 秒、放大图片。

二、图生视频功能

第一步，点击"Image or video"，上传图片。

图 5-26 图生视频界面示意

第二步，图片上传后，设置右下角的 3 个基础参数，点击生成。

三、视频转视频功能

第一步，点击"Image or video"，上传视频后，可以点击"Modify region"，进行局部修改。将编辑框拖动到想要进行局部修改的位置，输入局部修改部位的提示词，点击生成即可。

第二步，点击"Expand canvas"，可以选择想要的尺寸进行扩展。

第三步，点击"LIP SYNC AUDIO"，可以唇型同步。

图 5-27　视频局部修改示意

图 5-28　扩图示意

图 5-29　唇型同步设置示意

第六节　Deforum

Deforum 是 Stable Diffusion 的重要插件，是集成了各种有用功能的"全家桶"，可以用来实现文本生视频。

一、Deforum 的安装

Deforum 的安装有多种方式：

方法一：直接在 Stable Diffusion 的扩展标签里搜索 Deforum 并安装。

方法二：手动安装。

第一步，在 command 命令行工具里切换到 sd 路径：cd %userprofile%\stable-diffusion-webui。

第二步，执行下面语句，等待安装完成：git clone https://github.com/deforum-art/deforum-for-automatic1111-webui extensions/deforum。

第三步，安装完成后重启 Stable Diffusion，就会在标签栏里看到 Deforum 标签。

二、Deforum 的基础使用

第一步，在 Stable Diffusion WebUI 中，打开 Deforum 页面。

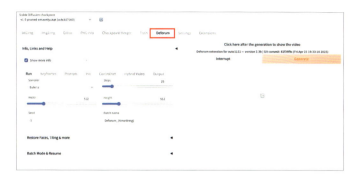

图 5-30　打开 Deforum 界面的示意

第二步，导航到"Keyframes"（关键帧选项卡），页面的下半部分有一个"Motion"选项卡，在此处可以设置相机参数。最大帧数是视频的帧数，值越高，视频越长，可以使用默认值。

图 5-31　关键帧选项卡界面示意

第三步，导航到"Prompts"（描述选项卡），可以看到一个描述列表，每个描述前面都有一个数字。数字是描述生效的帧。视频将在开头使用第一个描述，然后将切换到在第 30 帧使用第二个描述，在第 60 帧使用第三个描述，在第 90 帧使用第四个描述。

第四步，点击"Generate"（生成）开始生成视频。

图 5-32　镜头描述选项卡界面及生成视频操作示意

第五步，完成后，单击按钮"Click here after the generation to show the video"观看视频。可以通过单击右下角的三个垂直点将视频保存到本地存储中，也可以在"img2img-images"文件夹下的输出目录中找到生成的视频。

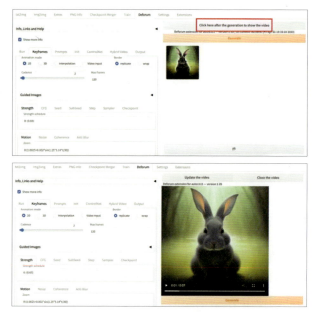

图 5-33　观看并保存视频操作示意

三、Deforum 中的两个重要设置

在浏览创建视频的分步示例之前，了解 Deforum 的基本功能很重要。接下来，你将看到更改一个参数但保持其他所有内容的示例。这些是视频的构建块，通过组合它们并在不同时间打开和关闭它们，可以创建令人惊叹的视觉效果。

（一）运动设置

运动设置是 Deforum 中最常用的设置之一。用户可以通过简单地更改参数及其描述来制作一个精彩的视频。因此，掌握运动设置的工作原理和功能显得尤为重要。

2D 动画模式：将图像视为 2D 并执行各种转换，如缩放和旋转，以创建运动错觉。

3D 动画模式：将图像视为 3D 场景的视图，用户可以在任何 3D 操作中移动相机的视口。

1. 2D 运动设置

2D Zoom（2D 缩放）：使用缩放功能放大或缩小图像。使用大于 1 的缩放值进行放大，使用小于 1 的缩放值进行缩小。该值离 1

缩放 0：(0.101)　　　　缩放 0：(0.99)

图 5-34　不同 2D 缩放参数设置下的效果示意

215

越远，缩放速度越快。默认情况下，缩放聚焦在中心。也可以通过设置变换中心 X 和变换中心 Y 来控制焦点。

2D Angel（2D 角度）：使用 2D Angel 角度旋转图像。正值逆时针旋转图像，负值顺时针旋转图像。值越大，图像旋转速度越快。默认情况下，旋转围绕图像的中心。用户可以通过设置变换中心 X 和变换中心 Y 来控制旋转中心。

2D 角度: 10　　　　　　　　　2D 角度: -10

图 5-35　不同 2D 角度参数下的效果示意

2D Translation X（2D 平移 X）：将图像横向移动。使用正值将图像向右移动，使用负值将图像向左移动。

2D 平移 X: 10　　　　　　　　　2D 平移 X: -10

图 5-36　不同 2D 平移参数 X 下的效果示意

2D Translation Y（2D 平移 Y）：上下移动相机。使用正值将
图像向下移动，使用负值将图像向上移动。

2D 平移 Y：10　　　　　　　2D 平移 Y：-10

图 5-37　不同 2D 平移参数 Y 下的效果示意

2D Transform Center（2D 变换中心）：变换中心用于更改缩
放和 / 或旋转的焦点。X 和 Y 的默认值均为 0.5，这是图像的中心。
(X，Y) =（0，0）是左上角，（1，1）是右下角。其他常见位置，
请参阅图 5-38。

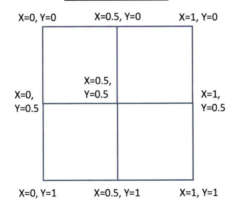

图 5-38　2D 变换中心常见位置

带缩放的变换中心（0，0）　　　带缩放的变换中心（1，1）

图 5-39　不同 2D 变换中心位置下的缩放效果示意

2D Perspecitve Flip（2D 透视翻转）：透视翻转对图像执行类似 3D 的变换，以创建一些独特的效果。用户需要去 Deforum 选择启用透视翻转的选项以激活这些功能。

透视翻转选项

theta: 10　　　　　theta: -10　　　　　gamma: 10　　　　　gamma: -10

phi: 10　　　　　　phi: -10　　　　　　fv: 53　　　　　　　fv: -53

图 5-40　不同 2D 透视翻转参数下的效果示意

2.3D 运动设置

3D 运动设置是 2D 运动设置的替代方案。把它想象成你拿着相机，你可以以任何想要的方式移动和旋转相机。

3D Translation X（3D 平移 X）：将相机侧向移动。使用正值将相机向右移动，使用负值将相机向左移动。

3D 平移 X：10　　　　　　3D 平移 X：-10

图 5-41　不同 3D 平移参数 X 下的效果示意

3D Translation Y（3D 平移 Y）：上下移动相机。使用正值将相机向上移动，使用负值将相机向下移动。

3D 平移 Y：10　　　　　　3D 平移 Y：-10

图 5-42　不同 3D 平移参数 Y 下的效果示意

3D Translation Z（3D平移Z）：类似于2D运动中的缩放。使用正值将相机向前推进，使用负值将相机向后拉远。

3D 平移 Z: 10　　　　　　　3D 平移 Z: -10

图 5-43　不同 3D 平移参数 Z 下的效果示意

3D Rotation X（3D旋转X）：绕X轴旋转相机。使用正值将相机向上旋转，使用负值将相机向下旋转。

3D 旋转 X: 10　　　　　　　3D 旋转 X: -10

图 5-44　不同 3D 旋转参数 X 下的效果示意

3D Rotation Y（3D旋转Y）：绕Y轴旋转相机。使用正值将相机向右旋转，使用负值将相机向左旋转。

 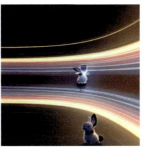

3D 旋转 Y: 10　　　　　　　　3D 旋转 Y: -10

图 5-45　不同 3D 旋转参数 Y 下的效果示意

3D Rotation Z（3D 旋转 Z）：绕 Z 轴旋转相机。使用正值将相机向右旋转，使用负值将相机向左旋转。

3D 旋转 Z: 10　　　　　　　　3D 旋转 Z: -10

图 5-46　不同 3D 旋转参数 Z 下的效果示意

（二）Motion Schedule 运动时间表

1. 运动设置与表单

每个条目由两个数字组成：生效的帧号和动作的值。每个条目的框架和值必须用冒号分隔，并且必须用括号将值括起来。如：frame 1:(value 1)，frame 2:(value 2)，frame 3:(value 3)。

始终需要帧 0 的条目。用户可以拥有任意数量的条目。

请务必注意，当使用两个或更多条目时，系统会自动计算相邻两个帧之间的差值。如下文这个缩放公式，它表示在前 100 帧中将缩放值从 1 逐渐增加到 1.02，并在接下来的 100 帧中将缩放值减小回 1。

缩放公式：0:(1)，100:(1.02)，200:(1)。

如果用户希望新的缩放值从第 100 帧开始生效，可以进行如下改写，此公式将仅在第 100 帧和第 150 帧之间应用缩放效果。

缩放公式：0:(1)，99:(1)，100:(1.02)，150:(1.02)，151:(1)，200:(1)。

示例：

Zoom: 0:(1)

Angle: 0:(0)

Transform Center X: 0:(0.5)

Transform Center Y: 0:(1)

Translation X: 0:(0)

Translation Y: 0:(5)，60:(0)

小技巧：不能只写"180:(5)，Write 0:(0)，180:(5)"，第一个条目必须是第 0 帧。

2. 生成步骤

第一步，生成初始图像。

初始图像是在 Deforum 视频生成中能完全控制的少数内容之一。它也可以说是最重要的一个，因为它为动画的其余部分设定了基调和颜色。请花些时间在"txt2img"选项卡中生成一个高质量的起始图像。如：

portrait of Henry Cavill as James Bond, casino, key art, sprinting, palm trees, highly detailed, digital painting, artstation, concept art, cinematic lighting, sharp focus, illustration, by gaston bussiere alphonse mucha.

负面描述：deformed, disfigured。

随机种子：（-1）。

使用 Protogen v2.2 模型来带出逼真的插图风格。

模型链接：http://www.liandange.com/models/Detail?id=36 27&modelVersionId=4007。

看到满意的图像后，记下其种子值（该值通常在输出结果的屏幕截图中被突出显示），如 2020548858。

第二步，生成视频的第一段。

在"Prompts"选项卡中输入描述。此处，在默认描述中重复使用第一步中的描述。新的描述是：

"0": "portrait of Henry Cavill as James Bond, casino, key art, sprinting, palm trees, highly detailed, digital painting, artstation, concept art, cinematic lighting, sharp focus, illustration, by gaston bussiere alphonse mucha --neg deformed, disfigured",

到第 50 帧，切换为描述一只猫，描述如下：

"50": "anthropomorphic clean cat, surrounded by fractals, epic angle and pose, symmetrical, 3d, depth of field, Ruan Jia and Fenghua Zhong".

现在转到"Run"选项卡，选择 Protogen 模型，将种子值设置为 2020548858。固定种子可以确保每次都从相同的图像开始，以便用户可以继续在同一视频上进行构建。

由于詹姆斯·邦德（James Bond）在初始图像中朝左，所以相机向右移动是合理的。使用 3D 动画模型，在"Keyframes"选项卡中，选择 3D 动画模式。

将最大帧数设置为 100，这是为了生成足够的帧来查看前两个描述。在"Run"选项卡中，进行如下设置：

平移 X 设置为 0:(2)，表示将相机向右移动。

平移 Z 设置为 0:(1.75)，这是为了以稍慢的速度放大。

其余参数保留 0:(0)，表示不进行任何操作。

点击生成，开始制作视频。

第三步，添加下一个描述。

在"txt2img"选项卡中对下一个描述进行头脑风暴。比如过渡到太空场景，下面是最终的 Deforum 描述：

"0": "portrait of Henry Cavill as James Bond, casino, key art, sprinting, palm trees, highly detailed, digital painting, artstation, concept art, cinematic lighting, sharp focus, illustration, by gaston bussiere alphonse mucha --neg deformed, disfigured",

"50": "anthropomorphic clean cat, surrounded by fractals, epic angle and pose, symmetrical, 3d, depth of field, Ruan Jia and Fenghua Zhong",

"90": "giant floating space station, futuristic, star war style, highly detailed, beautiful machine aesthetic, in space, galaxies, dark deep space <lora:epiNoiseoffset_v2:1> --neg bad art, amateur".

设置以下参数：

"最大帧数"设置为 250。

3D 旋转 X 设置为 0:（0）、70:（0）、71:（0.5）。

视频将在第 71 帧处添加旋转更改，其余设置保持不变。点击生成，将得到最终的视频。

通常需要花费大量时间调整动作和描述，以达到理想的效果。可以重复此步骤并根据需要添加任意数量的描述。

注意：

描述包含大主题的场景比描述有许多小对象的场景的效果更好，因为小细节会经常改变。这是图像到图像的工作方式。因此，具有模式（如分形）或富有想象力的主题在连续或后续的图像处理中，往往能展现更好的视觉效果。

如果在描述转换期间看到伪影，将描述的帧移动几帧可能会消除伪影。点击"制作动画 gif—输出"选项，制作 GIF。

使用输出选项中的删除图像功能，可以自动删除中间图像并保留视频。

1. 先借助语言类模型生成一部故事的文字脚本，再通过文生视频的方式生成视频，最后剪辑成一部影片。

2. 先借助语言类模型生成一部故事的文字脚本，再通过文生图的方式生成分镜图，然后运用视频工具实现图生视频，在剪辑后增加音效、背景音乐、字幕，完成一部完整的影片。

第六章

AIGC 在音乐领域中的运用

随着科技的快速发展，AIGC 已经深刻影响了我们生活的方方面面，也在改变着音乐领域的创作、表演和消费方式。AIGC 不仅可以提高音乐制作效率，还可以通过算法自动生成旋律、和声和节奏等。这一方面可以为音乐制作人提供更多创作选择，另一方面相较于传统创作，能大幅缩短制作周期，提高音乐制作效率。

AIGC 通过采集数据和学习音乐理论，为音乐创作这项具有高度主观性的工作提供创作灵感。AIGC 无论是在演唱会直播中，还是在音乐后期制作环节，都能提升音乐表演的真实性和感染力。通过音频修复及增强技术实现自动化后期处理，AIGC 在为音乐工作者呈现更为清晰、真实的演出效果的同时，也提高了制作数据的精准度。

同时，AIGC 还可以根据观众的反馈和喜好，自动调整音效和舞台表现力，让观众获得更好的观赏体验。这种个性化体验将增强观众与音乐人之间的互动性，进一步提升音乐表演的感染力。此外，在音乐教育领域，AIGC 还可以通过在线教学平台和智能评估系统，为学生提供个性化、针对性的教育服务。

本章将从音乐创作、乐曲创作、现场音乐会、音乐教育以及音乐疗愈等方面对 AIGC 在音乐领域中的应用进行详细介绍，并列举 DeepMind、百度等公司在 AIGC 音乐领域中的研究和应用案例，展示 AIGC 在音乐创作、音效处理、个性化音乐教育等方面的强大潜力。

第一节　AIGC 在音乐创作中的应用

由于受众群体规模的限制，AIGC 在音乐创作中的应用尚未展现出如美术设计等领域的创作能力。其目前在音乐领域中主要用于自动化后期处理，以及通过机器学习和深度学习技术从大量音乐数据中提取出有用的信息，自动生成较为简易的新音乐元素。例如，AIGC 可以根据乐曲的特征，合成与该乐曲风格相似的旋律、和声和节奏。此外，AIGC 还可以通过分析经典音乐作品，提取出音乐元素和结构，从而为音乐创作提供新的灵感。在音乐创作中，AIGC 的自动生成功能主要体现在三个方面：旋律、和声及节奏。

一、旋律生成

AIGC 可以根据音乐人的需求和创作风格在中期旋律创作中进一步分析经典音乐作品和现有歌曲的旋律特征，用于自动生成新的音乐元素。

（一）DeepMind 的 WaveNet 在旋律生成中的使用方法

谷歌的 DeepMind 研究实验室于 2016 年 9 月 8 日公布了语音合成领域的成果 —— WaveNet。这是一种原始音频波形深度生成模型，主要通过两种"文本—语音模型"Parameric TTS 与 Concatenative TTS 生成音乐和模拟音频。该模型通过训练记录数据采样真实波形，再进一步对网络取样、抽取数字，并做出新预测，组成新的音频文件输出。

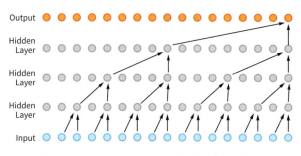

图 6-1　一个 WaveNet 模型的内部结构

首先，WaveNet 通过对包括不同风格不同流派音乐作品的音乐数据集中的数据进行模型训练，学习音乐的基本特征和规律。

其次，将每个音乐作品转换为振幅值序列，即将音频波转换为一系列振幅值。这些振幅值将作为 WaveNet 模型的输入数据。在训练过程中，需要将输入序列（一系列振幅值）和输出序列（后续的振幅值）作为训练样本。通过多次迭代训练，WaveNet 模型将逐渐学习到从输入序列预测输出序列的规律。

最后，在训练完成后，可以使用 WaveNet 模型生成新的音乐旋律。给定一个初始的振幅值序列，WaveNet 模型将尝试预测后续的振幅值，从而生成一段新的音乐旋律。

因为 WaveNet 模型在训练过程中需要大量的计算资源和时间，所以为了获得更好的生成效果，不仅需要使用 GPU 等高性能计算设备进行训练，还需要对模型进行多次参数调整和优化。

（二）百度音乐的 DeepX 操作系统

DeepX 是百度音乐推出的一套基于 AI 技术的操作系统，旨在为音乐人提供一站式音乐制作和发布服务。该系统利用 AI 技术对音乐制作全流程进行智能化改造。

其主要的功能特点包括：

智能音乐扒带：通过分析大量音乐数据，自动提取音乐特征，并利用 AI 技术实现自动"扒带"和音乐元素提取。

智能和声推荐：利用 AI 技术对音乐数据进行分析，根据音乐人的需求和创作风格，智能推荐适合的和声进行与和声特征。

智能节奏生成：通过 AI 技术对音乐节奏进行分析和学习，智能生成适合的节奏特征和节拍规律。

智能歌词创作：通过大量歌词数据，进行语义分析和情感分析，完成高质量的歌词创作。

智能混音与母带处理：利用 AI 技术对混音和母带进行自动化处理。

（三）AI 技术生成旋律流程

为了训练 AI 模型，要收集大量音乐数据组成语料库，作为模型的输入。

基于准备好的数据集，我们可以选择合适的 AI 模型进行训练。在这个过程中，可以考虑使用深度学习模型，如 WaveNet、GAN 等。接下来，将预处理后的音乐特征作为输入内容并对模型进行相应的调整和优化。

在模型训练完成后，可以使用模型生成新的音乐旋律。通过调整输入特征和模型参数，可以改变生成旋律的风格和传达的情感。

生成旋律后的后期处理包括编曲、演奏、混音等环节。这些工作可以使用音乐制作软件，如 Ableton Live 等，对生成的音乐旋律进行精细的编曲、演奏和混音处理。

AI 技术在音乐生成方面的应用仍处于探索阶段，只有具有一

定的音乐制作专业知识和经验才能达到更好的效果。因此，在具体实施过程中，需要结合实际情况和需求进行灵活应用和调整。

二、和声生成

通过对经典音乐作品和现有歌曲的和声进行与和声特征的分析，学习并生成新的和声进行及和声特征。

三、节奏生成

根据旋律与和声的需求和风格，从不同的音乐流派和风格中提取出节奏特征，并将其应用到新的节奏生成中，也是 AIGC 生成方式之一。这种方式可以为音乐人提供更多创作选择，帮助他们实现更为生动和多变的乐曲表现。

下面主要介绍 AI 节奏生成工具 Magenta Studio。

Magenta Studio 是由 Google DeepMind 开发的开源 AI 音乐工具，基于 TensorFlow 框架，专注于 MIDI 音乐生成与处理。该工具提供多个插件，支持独立运行或通过 Max for Live 集成至 Ableton Live，主要功能包括旋律、和声及节奏的自动化生成。

在节奏生成方面，Groove 插件通过对 Groove MIDI 数据集中真实鼓手演奏数据的学习，为 MIDI 鼓组添加人性化的节奏偏移 (microtiming) 和力度变化，改善机械量化感，适用于流行、摇滚等风格。Drumify 插件则根据输入旋律或节奏轨生成匹配的鼓组模式，通过分析音符密度映射至典型打击乐配置（如 Kick、Snare、

Hi-Hat)，但其生成结果更适配西方流行音乐范式。

生成内容以标准 MIDI 格式输出，兼容主流数字音频工作站。当前版本依赖预训练数据，对非西方节奏（如拉丁、非洲韵律）的覆盖有限，且不支持实时交互生成。开发者正通过模型迭代（如引入 Diffusion 模型）和社区贡献持续进行优化。

第二节　AIGC 在乐曲创作中的应用

一、音乐实战学习与运用

（一）智能教学辅助

其一，在实战演奏方面，AIGC 具有陪练功能，如虫虫钢琴网中的小叶子智能陪练等。智能陪练软件能够准确识别并纠正演奏者演奏中的错误，有助于用户提高演奏技巧。其二，AIGC 可以提供个性化的学习路径，根据用户的技能水平和节奏进行调整，确保每个用户都能得到适当的挑战和激励。其三，这些软件可以提供丰富的音乐库和学习资源，帮助用户接触各种类型的音乐，拓宽艺术视野。其四，AIGC 可以实时反馈并记录演奏中的问题，让用户更清楚地了解自己的进步和需要改进的地方。这些功能使智能陪练软件成为学习者的宝贵工具。

（二）音乐创作辅助

AIGC 可以根据用户的音乐风格和需求，提供和弦进行、旋律

设计等方面的建议。

OpenAI 的 MuseNet：一个能够创作不同风格音乐作品的深度学习模型。这个模型可以创作的音乐风格既有古典音乐也有流行音乐，甚至可以模仿某些著名音乐家的风格。它可以创作出拥有和弦进行、旋律和节奏等元素的完整的音乐作品，为音乐理论教学提供有用的资源。

Spotify（声田）的推荐系统：Spotify 作为一个音乐流媒体平台，其推荐系统利用了大数据和 AI 技术，可以根据用户的听歌习惯和偏好，为用户推荐个性化的音乐和歌单。同样的推荐算法也用于"酷我音乐""网易云"推荐系统。

Amper Music：作为 AI 驱动的音乐制作工具，其可根据用户指定的情绪和风格，创作出无限版权的音乐。

二、AIGC 对音乐结构与情感的分析

AIGC 对音乐结构与情感的分析主要涉及音频处理、特征提取和深度学习等多个步骤。

音频处理是从音频源中提取有效的特征。这些特征用于区分不同来源的音频数据，同时还有助于确定音频数据中包含的情感原始信息。这些特征可能包括音乐的节奏、音调、强度、音高等。

音频处理前，需要收集足够多的数据，这些数据将作为 AI 系统的输入数据。然后对收集到的数据进行"清洗"和处理，包括去除噪声、标准化音频数据、标记和注释等，以便于 AI 模型进行学习和分析。

特征提取是利用音频处理技术，如短时傅里叶变换（Short-

Time Fourier Transform，即 STFT）和 小 波 变 换（Wavelet Transform，即 WT）等，提取音频数据的特征，如音调、音色、节奏等，以便于 AI 模型进行特征分析和音乐理解。

利用提取出的特征和标注的数据，训练 AI 模型。这通常使用深度学习算法建立神经网络模型，例如卷积神经网络（CNN）或循环神经网络（RNN），或者使用传统机器学习方法，如支持向量机（Support Vector Machine，即 SVM）或决策树（Decision Tree，即 DT）等。通过模型的训练和优化，AI 能够对音乐数据的情感进行分类、聚类等处理，进而实现情感分析。

AI 模型通过分析音乐结构，以及歌曲的旋律、和声、节奏等，并经过训练和优化后，可以对新的各类乐曲数据进行情感分析和结构分析。例如，它可以预测某个乐章的情感走向，或者分析某个片段的和声与旋律等，从而实现对音乐结构的理解与解析。

三、音乐创作工具

（一）微软的 Custom Music Maker

微软的 Custom Music Maker 是一款基于 AI 的音乐制作软件。Custom Music Maker 利用 AI 技术，可以根据用户提供的主题、情感和音乐类型等需求，从微软的音乐数据集中选择合适的音乐片段，并自动进行混音和合成。Custom Music Maker 还具有交互性，使用户能够实时调整音乐参数，如音调、节奏、音量等，以实现最佳的音乐效果。同时，它还提供了可视化界面，使制作音乐的流程变得更加直观明了。

Custom Music Maker 内置了多种音色、效果和模板，用户可以自由选择和调整，以制作出个性化且与众不同的音乐。

Custom Music Maker 还提供了多轨道编辑功能，用户可以灵活地编辑和修改各个音轨上的音乐元素，如音频片段、效果、音量等。

（二）谷歌的 Song Maker

谷歌旗下的 Song Maker 是一款免费的音乐制作软件，通过 Song Maker，用户可以方便地录制、编辑和混合音乐，添加各种乐器和音效，还可以从谷歌提供的在线库中获取灵感。它支持多轨道录制，用户可以轻松地添加鼓、吉他、钢琴等乐器的声音，为了使音色更自然，也可以通过软件提供的音效插件来调整音乐的氛围和表现形式。

（三）Riffusion

Riffusion 是一款基于 AI 技术的文本创作音乐软件。它微调 Stable Diffusion 模型，使用频谱图而非音频来生成音乐。这意味着用户只要输入简单的文本描述，Riffusion 就能根据这些信息自动生成音乐。

Riffusion 的算法流程共分为三步：

第一步，用 Riffusion 建立一个索引的频谱图集合，如图 6-2。每个频谱图都标有代表频谱图中捕获的音乐风格的关键字，如"流行钢

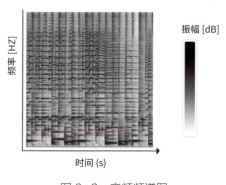

图 6-2 音频频谱图

琴"，这个关键字用于表示频谱图中音乐的风格。短时傅里叶变换是可逆的，可从频谱图中重建原始音频。

第二步，Riffusion 通过将文本生成音频转化为文本生成频谱图片，对训练模型进行微调。

第三步，Riffusion 从随机噪点开始，将随机图像与提示词匹配的图像索引进行比较，进而生成图片。微调完成后的 Stable Diffusion 模型将文本转化为频谱图，并基于频谱图生成音频。

总之，在音乐创作方面，Riffusion 的工作原理是将频谱图转换为声波图，然后将声波图转换为音频。在这个过程中，Riffusion 可以生成与用户需求相匹配的频谱图，例如"摇摆小号爵士"等。

四、案例

（一）AIVA 音乐创作

AIVA 是一款人工智能作曲器，它可以根据不同的情绪、风格和乐器来创作音乐。它的计算机处理步骤分为五步：数据学习、特征提取、模型建构、曲目创作、个性化创作。

图 6-3　AIVA 音乐创作界面

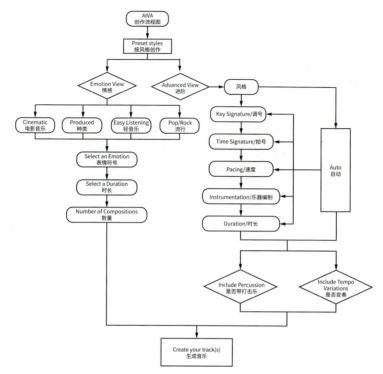

图 6-4　AIVA 音乐生成流程图

（二）Suno AI 音乐创作

Suno AI 是一个音乐生成平台，利用 AI 技术来创作音乐。它可以根据用户的需求和指导性信息，生成符合特定风格和情感的音乐作品。通过分析大量音乐数据和模式，Suno AI 能够生成旋律、和弦、节奏等元素，并将它们组合成完整的音乐作品。用户可以通过 Suno AI 轻松地生成背景音乐、片头片尾音乐、电子音乐等，这也为视频、广告、游戏等提供了音乐创作解决方案。

进入 Suno AI 官网操作界面，点击"Create"，描述想要的歌曲风格、主题，打开纯音乐模式（Instrumental），便可以创作没

图 6-5　Suno AI 创作界面

有歌词的歌曲。

　　或打开自定义模式（Custom Mode）上传歌词，并对歌词进行分段，详细介绍开头、结尾、中间等使用的乐器等，填入想要风格，两分钟后即可生成。也可点击"Extend"继续编辑生成更长时长的音乐。

（三）Udio AI 音乐创作

　　在 Suno AI 占据大众视野后，Udio Ai 出现。Udio AI 支持混音及轨道延伸，可以做 Remix 混音模式，调整 30 秒以内的音频。

第三节　AIGC 在演出现场中的应用

　　AIGC 在演出现场中的应用主要体现在音视频生成和虚拟主播同人化两个方面。

在音视频生成方面，AIGC 可以用于实现语音模仿、变声器等功能，增加互动娱乐性。另外，AIGC 也被用来定制工具，帮助创作者制作出画面、声音、动态效果，以提升作品综合质量。

在虚拟主播同人化方面，AIGC 和 ChatGPT 等技术的结合，使得虚拟主播可以进入"同人化"阶段。通过与各行业应用场景深度融合，同人化的虚拟主播可以变身为企业的数字员工，提供 7×24 小时的随时服务，协助企业完成重复性工作。

一、AI 音频修复与增强技术处理

在 AI 音频修复的过程中，可能需要使用多种 AI 技术，例如深度学习、神经网络等，以达到理想的修复效果。此外，还需要一些专业的音频处理软件或工具，如 Adobe Audition、Logic Pro 等。

（一）音频修复与降噪

对于音频中的噪声、失真等问题，可以使用 AI 的音频修复模块进行修复。这可能包括去噪、音频增益控制、压缩、均衡等操作。通过这个处理，可以提高音频的音质和清晰度。

对一些原始的老电影片段需要进行一些预处理，包括去噪、增强对比度、色彩校正等，以提高 AI 模型的训练效果。也可使用 AI 音频分析工具，如快速傅里叶变换（Fast Fourier Transform，即 FFT）等，它可以对老电影片段的音频内容进行分析，识别并分类不同的音频元素，如人声、乐器等。

通过 AI 技术将音频元素进行分离，将人声和乐器等分开，便于单独进行修复和增强处理。对修复后的音频进行进一步增强，如调整音色、音量等，可以增强音乐会的现场感和真实感。

主要使用的工具有 ACID Pro、Wavelab 等。

ACID Pro 8：可以使用轨道线进行全局参数自动化或者修改音高、变调，也可以用于自动控制插件乐器。它提供了多种音频效果和修复工具，包括降噪、去除噪声、压缩等处理。通过使用 ACID Pro，用户可轻松地修复音频文件中的缺陷和问题，以提高音质效果。

Wavelab：这是一款音频编辑和修复软件，可对音频进行降噪、去除回声等处理。它支持多种音频格式，并提供了多种可用的修复工具和效果器。

（二）混音和母带处理

AI 技术可以分析音频信号中的各个音轨，并自动调整音量、平衡和空间定位，实现更好的混音效果。此外，AI 还可以用于母带处理，自动优化音频的动态范围、频率响应和音色特点。

（三）音频合成与声音设计

AI 技术可以合成人声、乐器和各种声音效果，实现高质量的音频合成和声音设计，常用于电影、游戏和虚拟现实等领域的音频制作；也可将修复和增强后的音频与原始视频进行合成，输出修复后的片段。

二、音效处理

（一）百度音乐的 DPS 操作系统

百度音乐的 DPS 操作系统中的音效处理是一种集成了音效增强

和音频处理的技术体系。

它主要包含以下四个关键部分：

音效增强：采用高级的算法和 AI 技术，对音频信号进行处理。例如，自动识别和消除音频中的噪声、杂音和失真，增强音乐和人声的清晰度和细节。

音频处理：包括音频编解码、音频格式转换、音频流媒体处理等。对音频信号进行动态处理，例如实现音频的压缩、扩展和混响等效果。

智能音效库：DPS 操作系统内置了一个智能音效库。该音频库包含了多种音效和音源，可以通过 AI 技术进行智能分类和管理，方便音乐制作人员快速查找和使用。

音频分析和标签：对音频文件进行深度分析和标签，以提供更加精准的音乐推荐和搜索功能。通过对音频文件进行频谱分析、情感分析、主题分类等，实现个性化定制。

（二）Adobe Audition 的自动化音频处理功能

Adobe Audition 作为一款专业音频处理软件，内置了多项自动化处理功能。该软件具有音频编辑和修复工具，支持多种音频格式，可执行自动化音频降噪、去混响、去除噪声等处理。

自动均衡：通过使用 AI 的音频处理技术，可以自动调整音乐会音频的均衡，以适应不同的听感需求和设备类型。例如，它能自动调整低频、中频和高频的增益，使得现场演出的音效更加平衡和自然。

动态压缩：通过 AI 的音频处理技术，可以实现音频的动态压缩，根据音频信号的动态范围自动调整压缩比例和阈值，以保持音频的稳定性和清晰度，避免音频失真和噪声的出现。

混响和回声：模拟不同的混响和回声效果，在不同音乐会现场的不同位置放置麦克风添加混响和回声效果，增强音乐会的空间感和深度感。

音源分离：对多种音源进行分离和处理，如将人声、乐器声等进行分离，并分别进行处理。

语音增强：使用 AI 的语音增强技术进行加强。自动识别和消除音频中的噪声、风声等干扰声音，同时增强人声的清晰度和可懂度。

（三）音频搜索引擎

音频搜索引擎主要用于管理和搜索资源。其主要优点在于可以快速搜索音频文件及其他所需要的资源，管理大量音频资源，方便用户查找使用。

主流音频搜索引擎有 Soundminer、Basehead、Soundly 等。

图 6-6　Soundly 界面

第四节　AIGC 在音乐领域中的应用

一、在教育中的应用

AI 音乐教育系统通过 AI 技术，可以实现个性化教学和智能教学，为不同水平和需求的用户提供高效、灵活、便捷的音乐教育服务。用户可以通过系统选择自主学习、互动学习和教师指导等多种学习方式，提高自己的音乐素养和技能水平。各软件针对不同受众群体融合了不同的 AI 教育系统。

（一）在线教学平台

比如，网易云课堂中的 AI 音乐教育系统就是一个结合了人工智能和音乐教育的在线学习平台，它可以实现多种功能，助力用户学习。

个性化音乐教育计划：根据用户的学习需求和音乐水平，为用户定制个性化的音乐教育计划。用户可以选择不同的乐器、音乐类型、难度等级等，系统再根据用户的选择，推荐相应的教学资源和学习路径。

智能教学：利用 AI 技术，根据用户的学习进度和反馈，自动调整教学策略和内容。同时，系统还支持语音识别和纠正功能，可以帮助用户纠正演奏中的错误。

交互式学习：提供交互式学习的方式，用户可以通过虚拟乐器进行演奏练习、在线合唱等。

教学资源丰富：集合了大量的音乐教育资源，包括教材、乐曲、教学视频等。用户可根据个人需求和兴趣选择相应的学习资源进行学习。

学习数据分析：对用户的学习数据进行分析，生成学习报告和统计数据，帮助用户及时了解自己的学习进度和能力水平，从而制订更加合理的学习计划。

教师指导：除了 AI 教学外，AI 音乐教育系统还可以提供专业的教师指导服务。用户可以通过系统预约教师进行在线指导和学习评估，获得更加全面的学习支持和反馈。

除了 AI 音乐教育系统外，AI 技术评估及评分系统也是在线教学平台的重要组成部分。使用 AI 技术评估学生的音乐才能与潜力的具体方法可能因系统而异。

自动演奏评估：通过 AI 技术对学生的演奏进行自动评估。可以分析用户的演奏音频，比较其与标准演奏的差异，从而评估用户的演奏水平和潜力。

自动作曲评估：通过 AI 技术，自动评估用户作曲的创造性和技术水平。可以分析用户创作的曲目，比较其与已有音乐作品的相似性和差异性，从而评估其作曲才能和潜力。

自动演唱评估：通过语音识别和情感分析技术，对用户的演唱音频进行分析，评估用户的声音质量、音准、节奏感、情感表达等，从而评估其演唱水平和潜力。

（二）互动式教育

比如 IFTTT 的智能音乐教育插件。IFTTT 是一种流行的自动化工具，可以通过创建触发器（Triggers）和动作（Actions）之间的联系来自动化各种任务。支持许多流行的音乐教育工具和应用程序，包括在线学习平台、音乐创作软件、音乐理论知识学习应用等，可以实现不同工具之间的数据共享和交互。用户可以根据自己的需求创建自定义的触发器和动作，从而自动化地实现各种音乐教育任务。

二、在音乐疗愈中的应用

AIGC 在音乐疗愈中通过分析患者的生理信号（如心率、血压等）和行为数据（如参与音乐疗法的时长、频率等），对患者的音乐疗法效果进行评估。AIGC 可以收集患者的音乐偏好、情绪状态和生活习惯等信息，帮助医生了解患者的康复情况，及时调整治疗方案。

目前，AIGC 可以通过大数据分析和云计算技术，将音乐疗法资源推广到更多的地区和人群中。通过分析不同地区、不同群体的音乐疗法需求，AIGC 可以提供针对性的资源和服务，推广音乐疗法在医疗康复领域的应用，并且辅助医生进行音乐疗法方案的制定和实施。

此外，通过增强现实（Augmented Reality，即 AR）技术，医生可以为患者提供虚拟乐器演奏的指导，帮助患者更好地感受音乐的力量和魅力；通过虚拟现实（Virtual Reality，即 VR）技术，医生可以为患者提供沉浸式的音乐体验，让患者在音乐的氛围中放松身心、缓解压力。

对于存在情绪问题的个体，AIGC 可以制定针对性的音乐疗法方案，帮助个体学会通过音乐来调节情绪。还可以根据个体的情况，自动生成适合个体听的音乐，从而帮助个体更好地进行音乐治疗。具体可以分为以下三类：

抑郁症治疗。研究表明，音乐可以改善抑郁患者的情绪状态和生活质量。AIGC 可以通过分析患者的数据，了解其音乐偏好和情绪状态，并据此为患者进行个性化的音乐推荐。此外，AIGC 还可以为患者提供音乐表达和音乐创作的支持，通过分析患者的演奏或演唱录音，帮助患者找到适合自己的情绪宣泄方式。

焦虑症治疗。对于焦虑症患者，AIGC 可以推荐轻松、舒缓的音乐资源，以达到让患者放松身心、缓解压力的效果。

精神分裂症治疗。对于存在幻听症状的患者，AIGC 可以推荐安静、平和的音乐资源，帮助患者平静情绪；对于存在妄想症状的患者，AIGC 可以推荐轻松、自然的音乐资源，帮助患者放松身心。

此外，AIGC 可以根据康复患者的需要和兴趣，策划各种音乐活动，如合唱、乐团演奏、音乐疗法讲座等。这些活动不仅可以提供娱乐和放松的机会，还可以让患者有更多的共同话题和交流机会，从而增强社会交往。

三、AIGC 在音乐领域中的应用成果总结

音乐推荐系统：AIGC 可以通过分析用户的听歌记录、口味偏好和搜索历史等数据，推荐用户可能喜欢的歌曲，帮助用户发现更多自己喜欢的音乐。常见于各类音乐软件中通过大数据推荐曲目等。

音乐搜索引擎：AIGC 可以通过分析用户的搜索历史和行为数据，开发智能音乐搜索引擎，帮助用户快速找到自己想听的歌曲或歌手。

音乐自动化制作：AIGC 可以通过分析大量的音乐数据，自动生成各种风格的音乐作品，从而节省音乐制作时间和成本，提高音乐制作效率。

音乐智能教师：AIGC 可以针对不同年龄段和水平的用户，提供个性化的音乐教学服务，帮助用户快速掌握音乐知识和技能，提高音乐素养。

音乐智能评估：AIGC 可以通过分析用户的演奏录音或视频，给出客观公正的音乐水平评估，帮助用户更好地了解自己的演奏水平和提升方向。

音乐协同创作：AIGC 可以搭建一个在线协作平台，让多个用户一起创作音乐作品，从而提高创作效率和创作质量。

音乐智能助理：AIGC 可以为音乐人提供智能助理服务，包括日程管理、文件整理、版权查询等，从而帮助音乐人更好地管理其音乐事业。

音乐智能陪练：AIGC 可以为练习乐器提供智能识别、错误读取及标注。

AIGC 在音乐领域中有着广泛的应用前景，可以帮助人们更好地发现、创作、制作、教学、评估、管理其音乐，让更多人享受到音乐的乐趣和益处。

四、未来研究方向与应用前景展望

AI 在音乐制作和音乐疗愈中的应用和发展，是近年来备受关注的话题。在音乐制作领域，AI 已经成为创新和进步的重要力量。

通过深度学习和自然语言处理等技术，AI 可以智能地分析大量音乐数据，为音乐创作提供更多的灵感和资源。例如，一些 AI 音乐制作软件能够根据用户提供的主题和需求，从音乐库中筛选出相符的音乐片段，通过自动混音和编曲，生成独具特色的音乐作品。此外，AI 还能协助音乐制作人完成曲谱识别、和声设计等繁琐的工作，提高音乐制作效率。

在音乐疗愈领域，AI 可以帮助人们缓解压力、促进情绪稳定。例如，一些 AI 音乐疗愈系统可以通过情感识别技术，判断出人的情绪状态，并为其推荐适合的音乐疗愈方案。

总的来说，AI 虽然可以在创作上提高创作效率，但仍然难以完全取代人类创作家的作用。通过深度学习和自然语言处理等技术，AI 已经为音乐制作带来了更多的创新和进步，而在音乐疗愈领域的发展还需要更多的实证研究来支持。未来，随着技术的不断进步和应用场景的不断拓展，AI 在音乐制作和音乐疗愈中的应用将更加成熟和广泛。

练 习

1. 选择自己喜欢的风格和主题，写出 AIGC 生成视频配乐的音乐设计思路。
2. 通过 AI 软件生成一段符合设计思路的音乐。
3. 改编生成的音乐，并将其与视频合成。

第七章
AIGC 赋能电商行业数字化转型

AIGC 在许多行业中都得到了广泛运用,并且取得了一定的成果。从底层的算力、模型训练、功能到实际落地应用并形成一定的场景,AIGC 在每个环节都赋能了行业的飞速发展。电子商务(以下简称"电商")行业和电视广告(Television Commercial,即"电视广告")是其中的两个代表性行业。本章将聚焦于电商行业,进行详细叙述。

第一节　电商行业的历史和发展趋势

一、电商行业的历史和现状

电商行业是指通过互联网和数字技术实现商品和服务的在线交易和商业活动的行业。中国的电子商务行业自 20 世纪末开始蓬勃发展,经历了多个阶段的演变,从最早的传统电商到现在的 AI 电商和直播电商,已经成为中国经济的重要组成部分。它的兴起彻底改变了传统零售业态,为消费者和企业带来了前所未有的便利和机遇。

中国电商的起源可以追溯到 20 世纪 90 年代末,互联网在中国开始普及。淘宝网提供了一个网上拍卖平台,让个人和企业可以在网络上交易商品，它的创立被视为中国电商的开端。它的成功促使了其他电商平台的出现，中国的电商行业逐渐蓬勃发展。随着互联网技术的发展，内容电商成为中国电商行业的一个重要分支。内容电商通过在网络上提供优质内容，吸引用户并推销商品。一些网络红人和博主通过分享产品评测、穿搭指南等内容来引导消费者购买商品。这种结合内容和电商的模式在中国取得了巨大成功，为电商行业注入了新的活力。

但相比内容电商，传统电商仍是中国电商行业的主要形式。传统电商平台如天猫和京东提供了一个集中的购物平台，让消费者可以方便地购买各种商品。这些平台通常与品牌和零售商合作，提供商品销售甚至配送服务。消费者通过浏览商品、比较价格和查看评论来进行购物决策。传统电商的优势在于商品种类丰富、价格竞争激烈，并且提供了方便的购物体验。

抖音平台的兴起，让直播电商成为中国电商行业的一个新趋势。直播电商结合了线上直播和电商的元素，通过直播平台实时展示商品，并提供购买链接，让观众直接在直播间中购买商品。这种形式的电商在中国非常受欢迎，因为它提供了一种互动和娱乐性的购物体验。主播可以展示商品的特点、使用方法，并回答观众的问题，观众可以通过直播互动，了解商品资讯，并即时下单购买。直播电商的成功在于创造了一种社交购物的氛围，增加了购买的乐趣和信任感。

随着 AI 技术的快速发展，AI 电商迅速成为中国电商行业的热门趋势。AI 电商利用机器学习和数据分析等技术，通过个性化推荐、智能客服等功能提高用户体验。它根据用户的偏好和行为，推

荐相关的商品，帮助消费者更快地找到自己需要的产品。AI 电商在内容生成方面的创新应用还包括产品照拍摄和产品横幅生成等。AI 电商的优势在于提供了更加个性化和智能化的购物体验，提高了消费者的购买转化率。

中国的电商行业经历了多个阶段的演变。从传统电商到直播电商和 AI 电商，这个行业不断创新和发展。中国电商成功的原因在于利用互联网技术和社交媒体平台，为消费者提供了方便、多样化和个性化的购物体验。未来，随着技术的进步和消费者需求的变化，中国的电商行业将继续迎接新的挑战和机遇，并继续繁荣发展。

二、电商行业数字化转型的趋势

随着技术的不断进步和消费者行为的变化，电商行业正经历着数字化转型的浪潮。在这一转型过程中，AIGC 在内容生成和策略方面将扮演重要的角色。通过利用 AIGC，电商企业能够提供个性化、高质量的内容，增强用户体验，提高销售转化率，并实现持续增长。未来，人工智能在内容生成和策略方面的应用会呈现以下五个发展趋势：

第一，视觉搜索和增强现实（AR）体验。AI 技术正在迅速发展，视觉搜索和 AR 技术为电商行业带来更沉浸的购物体验。运用图像识别和计算机视觉技术，用户可以通过拍摄照片或上传图片来搜索相关产品。此外，AR 技术可以实时将虚拟产品选加到实际场景中，让用户更直观地感受产品的外观和效果，提高判断决策的准

图 7-1　IKEA 官网上的 AR 应用场景

确性和购买信心。

第二，自适应内容和个性化推荐。AI 可以根据用户的历史行为和偏好，实现更精准的个性化推荐。通过分析大数据和用户行为模式，AI 能预测用户的购买意向，并为其提供个性化的推荐和定制化的内容，从而提高用户的参与度和购买转化率。

第三，跨平台整合和一体化体验。随着消费者在多平台、多设备上购物行为的增加，电商企业需要致力于实现跨平台的整合和一体化体验。通过 AI 技术，企业可实现用户数据的无缝整合和共享，从而提供一致的购物体验和个性化服务。当用户在电脑上将他们有购买意愿的产品添加到购物车后，随时能够无缝切换到移动设备上继续购买流程，无须重复搜索和选择商品。即使用户在电脑上查看某个商品时突然需要外出，也只需拿出手机，即可继续查看该商品，无须其他繁琐操作。

第四，用户生成内容的自动化处理。UGC 在电商营销中扮演着越来越重要的角色。AI 能够自动分析和处理大量的 UGC，从中提取有价值的信息，并用于产品评价、社交分享和品牌推广。

第五，智能推荐和个性化营销。AI 依托深度学习和推荐算法构建了更智能的推荐系统。它通过分析用户的历史购买记录、浏

览行为和兴趣偏好，为每个用户提供个性化的推荐产品。这种个性化推荐能够提高用户的购买满意度和忠诚度，同时也促进了交叉销售。

在电商行业数字化转型的未来，AIGC 在内容生成和策略方面的应用将继续推动行业的进步和创新。通过不断探索和深化 AIGC 的应用，电商企业将实现更智能、高效的运营和营销，以满足不断变化的消费者需求，提升用户体验，并在竞争激烈的市场中保持竞争优势。

第二节　AIGC 对电商行业商业模式的影响

AIGC 技术作为一种前沿的技术工具，正在与电商行业融合，并在不同发展阶段引起了广泛的关注和应用。这种融合为电商行业带来了全新的商业模式和运营方式，同时也为消费者提供了更好的购物体验和个性化服务。

一、AIGC 与电商行业融合的不同发展阶段

AIGC 在与电商行业商业模式的融合中，经历了初期探索、应用拓展和深度融合三个阶段。在这三个阶段中，AIGC 技术逐渐展现出对电商行业的广泛影响和巨大潜力。

在初期探索阶段，电商企业将 AIGC 应用于内容生成和推荐领

域。基于 AIGC，企业可以自动生成商品描述、产品评论、广告文
案等内容，提高内容创作的效率和规模。以前这些内容需要由人工
撰写，但 AIGC 的出现使得电商企业能够实现大规模的个性化内容
生成，满足了用户对丰富、准确和有吸引力的信息的需求。

在应用拓展阶段，电商企业开始将 AIGC 应用于更多的领域和
场景，以进一步提升用户体验和增加商业价值。

一方面，AIGC 开始应用于图像生成和处理领域。电商企业利
用 AIGC 自动生成商品图片、产品展示图和广告素材，使产品展示
更加生动、吸引人，提高用户对商品的理解和购买意愿。

另一方面，AIGC 开始应用于语音内容的生成和交互。随着语
音识别技术和自然语言处理的进步，电商企业利用 AIGC 实现语音
搜索、语音推荐和语音客服等功能。用户可以通过语音与电商平
台进行交互，并获得个性化的服务和推荐，提高购物的便捷性和
效率。

此外，AIGC 还可以应用于虚拟现实和增强现实领域。通过结
合 AIGC 和虚拟现实技术，电商企业致力于打造更加沉浸式和个性
化的购物体验，用户可使用虚拟现实设备浏览和试穿虚拟商品，在
虚拟环境中与商品互动，并获得个性化的购物建议和推荐。这种应
用拓展为电商行业带来了全新的商机和竞争优势。

在深度融合阶段，AIGC 开始与电商行业的其他关键技术进行
深度融合，实现更加智能化、个性化和自动化的商业模式。AIGC
与大数据分析和机器学习技术相结合，可以实现更加精准和个性化
的用户画像和行为预测。电商企业可以根据用户的个性化需求和
购买意向，实现精准的推荐和定制化的营销策略。

二、AIGC 对电商行业的影响

AIGC 在电商行业的商业模式中，对多元营销内容的打造、降本增效营销和建立数据资产库等产生了深远的影响。通过 AIGC，电商企业能够创造出内容充足、准确、合规、有效的营销内容，以内容驱动增长，AIGC 还可在建立数据资产库方面发挥重要作用。在数字经济时代，AIGC 的应用将成为电商企业成功的重要驱动力。

（一）多元营销内容的打造

AIGC 为电商企业提供了强大的内容生成能力，使其能够打造多元化的营销内容。通过 AIGC，企业可以自动生成丰富多样的文字、图像和视频内容，用于产品描述、广告文案、社交媒体内容等，从而提高产品的吸引力和销售效果。

AIGC 也可用于生成个性化的营销内容，根据用户的兴趣、历史购买记录和行为数据，自动化地生成与其需求和偏好相匹配的推荐内容。通过个性化的营销内容，电商企业能够更好地与用户进行互动，提高用户参与度和购买转化率。

在多元营销内容打造的过程中，关键的一点是确保内容的准确性和合规性。AIGC 通过自然语言处理和机器学习算法，能够自动生成准确、专业的内容，并辅助企业遵守法律法规和行业规范。这有助于保护消费者的权益，建立企业与消费者之间的信任，并避免低质或违规内容带来的负面影响。

（二）降本增效营销

AIGC 对电商企业的营销活动具有降本增效的潜力。在传统营销活动中，撰写、设计和发布往往需要大量的人力和时间投入。

而通过 AIGC，电商企业可以实现自动化的内容生成，大大减少了人力成本和时间成本。

以淘宝店铺为例，传统上，一个店铺的运营需要雇佣多名员工来负责产品描述、促销文案和客户服务等。但利用 AIGC，一人就可完成店铺所需文字、图像和视频内容的生成和填充，减少了对员工数量的需求。这不仅降低了人力成本，还提高了运营效率和响应速度。

AIGC 还可以提高营销活动的效果和精准度。个性化的营销内容，不仅能帮助电商企业提高销售额，还能减少电商企业对大规模广告投放的依赖。

（三）建立数据资产库

AIGC 对电商企业的另一个重要影响是帮助建立数据资产库。数据被视为数字经济的生产要素，具有巨大的商业价值。通过 AIGC 可以生成大量的用户交互数据和消费行为数据，这些数据可以用于分析用户喜好、购买习惯和市场趋势，为企业提供更深入的洞察和决策支持。

通过建立数据资产库，电商企业可以沉淀和管理大量用户数据，并利用 AI 技术对这些数据进行分析和挖掘。企业可以利用 AIGC 分析用户的搜索行为、购买历史、社交媒体互动等数据，从中发现用户的兴趣偏好和行为模式，以更精准地推荐和定位产品。

企业利用数据资产库还可以实现更有效的市场营销和精细化运营。企业可以利用 AIGC 分析大量的市场数据，包括竞争对手信息、行业趋势、用户反馈等，从中获取洞察和启示，并制订相应的营销策略和业务决策。这种基于数据的营销和运营模式能够减少盲目投资和试错成本，提高企业的市场竞争力和效益。

第三节　AIGC 在电商行业中的应用

一、虚拟营销场景产生互动体验

在电商行业中，AIGC 可以通过创造虚拟营销场景，为消费者提供与产品互动的体验。通过虚拟现实和增强现实技术，消费者在虚拟环境中体验产品，了解其外观、功能和使用方式。例如，通过 AR 技术，消费者可以使用手机或 AR 眼镜查看家具产品在自己家中的实际效果，调整颜色、尺寸等参数，以便更好地做出购买决策。

虚拟营销场景还可以提供与其他用户互动的机会，增加社交元素和用户参与度。通过虚拟现实技术，消费者可以参加虚拟时装秀，与虚拟模特进行互动并选择自己喜欢的服装款式，与其他消费者交流、分享购物心得，增加社交互动的乐趣。

AIGC 通过个性化推荐和定制化服务，提供与消费者兴趣和需求相关的虚拟营销体验。通过分析消费者的购买历史、浏览行为和个人喜好，系统就可以为消费者呈现符合其兴趣的虚拟营销场景和产品推荐。并且在虚拟购物场景中，系统可以根据消费者的喜好和风格推荐相似的产品，并提供个性化的购物建议和搭配方案。

二、AI 产品及模特拍摄

AIGC 还可以通过 AI 产品及模特拍摄，为电商行业提供高效、低成本的产品展示和推广解决方案。传统的产品拍摄需要耗费大量的时间和人力成本，而且在展示效果和视觉效果方面存在一定限制。借助 AIGC，电商企业可以利用计算机生成模特和产品画像，实现快速、精准的产品展示。AI 模特可以展示不同款式、颜色和尺寸的服装，让消费者通过虚拟现实技术在不同角度、光线条件下查看产品细节，获得真实的购物体验。

AI 产品拍摄技术通过 3D 建模和渲染技术生成逼真的产品图像，消除了传统拍摄中的时间和空间限制。电商企业使用 AIGC 系统中的工具和资源，快速生成产品的虚拟展示，包括不同角度的旋转、细节放大和产品功能演示。这种高度可视化的产品展示方式可提高消费者对产品的了解和购买决策的准确性。

在传统的电商购物过程中，消费者不能亲身试穿想要购买的商品，只能通过文字描述和二维图像来判断尺寸和适合度。AIGC 的

图 7-2　AI 生成的产品广告
（资料来源：WT 人工智能实验室）

引入可以改变现状。三维模特是利用 AIGC 创建的数字化人体模型，可以根据消费者的身体数据和偏好来定制。购物者只需提供自己的身高、体型等基本信息，系统就会根据这些数据生成一个与其相似的虚拟人体模型，消费者可以在该模型上试穿不同款式和尺寸的服装，实时查看效果。

虚拟试衣技术为消费者提供了更直观、快速的购物体验。传统的试衣过程需要消费者亲自去实体店，穿上实物服装进行试穿，这不仅浪费了时间，而且受到试衣间空间和衣物库存等的限制。而虚拟试衣技术通过计算机生成的虚拟模特和服装模型，让消费者可以在网上或手机应用上随时随地进行试衣。消费者可选择不同的尺寸、颜色和款式，将虚拟服装直接叠加在自己的身体形象上，以获得更真实的试穿效果。这种便捷的购物体验使消费者能够更快速地找到符合自己需求的服装，提高了购物的效率。虚拟试衣技术提供了更准确的尺寸和适合度评估。消费者常常面临尺寸选择的难题，不同品牌和款式的服装尺码标准存在差异，使得试穿过程变得复杂和耗时。虚拟试衣技术通过在虚拟模特身上模拟不同尺码的服装，让消费者直观地看到不同尺码的适合度和穿着效果，可以更准确地选择适合自己的尺码，避免了购买后尺寸不合适的情况，减少了退

图 7-3　AI 虚拟换装场景

换货的烦恼。

此外，虚拟模特还可以模拟不同的动作和姿势，让消费者更好地感受服装的舒适度和穿着效果。传统的试衣过程中，消费者只能在试衣间内静态地看着镜子，无法真实地体验服装在不同动作下的穿着感受。而虚拟模特技术通过动态展示虚拟模特在不同动作下的穿着效果，例如走路、弯腰、挥手等，让消费者更全面地了解服装的舒适度、伸缩性和适应性。这种互动体验增加了消费者对服装的信心，提高了购买的满意度。

虚拟试衣技术提供了个性化的推荐和建议。通过分析消费者的身体数据和试衣记录，虚拟试衣系统可以根据个人的喜好和需求，向消费者推荐适合的款式、颜色和品牌。这种个性化的推荐可以帮助消费者更快速地找到合适的服装，提高购物的满意度和便捷性。

虚拟试衣和虚拟模特技术还具有环境友好的优点。传统的试衣过程需要大量的实物服装库存，不仅占用了大量的物理空间，还产生了大量的物流和包装垃圾。而虚拟试衣技术通过数字化的方式，减少了对实物服装的需求，降低了环境的负担。消费者通过虚拟试衣体验，避免了过多的实物试穿，减少了资源的浪费。

AIGC 与电商的结合为消费者带来了更好的购物体验。它不仅提供了更直观的试衣效果，还节省了消费者的时间和精力。通过AIGC 的不断改进，三维模特的精确度和真实感也将不断提高，使得虚拟试衣的体验更加逼真。AIGC 与电商的结合以及三维模特技术的应用，让试衣随心成为可能。这种创新的试衣方式不仅提高了购物的便利性，还为消费者带来了更好的购物体验。随着未来科技

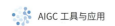

的不断进步，期待 AIGC 在电商领域的更广泛应用，希望能为消费者带来更多的便利和乐趣。

三、数字人虚拟直播场景

数字人虚拟直播指利用 AIGC 技术创建虚拟主播或虚拟销售，在电商平台上进行直播推广和销售活动。虚拟主播可以通过计算机生成的形象和语音与消费者进行互动，介绍产品特点、回答问题，并提供购买建议。

2021 年 11 月，国内第一个可以在 App 内实现用户互动的超写实数字人 ——"龚俊"数字人语音搜索助理在百度 App 正式上线。用户进入该功能界面后，可以与"龚俊"实时交互，如询问天气等问题，"龚俊"将快速识别、搜索，并语音播报首条搜索结果。此外，用户也可以命令"龚俊"完成 App 内的部分控制功能，如打开夜间模式、进入书架页面等。据媒体报道，在模型上，百度使用 4D 扫描技术捕捉了真人龚俊说话时以及做日常表情时的面部细微变化，以实现数字人对其本人的超写实还原。在语音识别上，百度赋予了其超高准确率的语音识别技术，准确率达到 98%，并且对中英文混杂、生僻字、方言等各种语音也能准确识别。另外，在语

图 7-4　百度 AI 探索官：数字人龚俊

音合成上，该数字人依托于 TTS（Text To Speech，即"文本转语音"）技术，可以无限接近于原声。

2022 年，数字人龚俊发布新歌《2021 在说啥》，刷屏全网，歌词中包含了 2021 年度十大网络热词，明朗的旋律也令网友们直呼"洗脑"。

2022 年全国两会期间，真人王冠与 AI 超仿真主播王冠同屏主持节目《"冠"察两会》，用全新的方式带给观众不少惊喜。节目中，"AI 王冠"作为控场主持人，连线财经评论员王冠，不仅表达清晰、手势自如，还与真人王冠配合十分默契，保证了节目节奏的平稳。

数字人虚拟直播场景可以提供更灵活的销售方式和更广泛的触达消费者的机会。虚拟主播可以同时在多个电商平台进行直播，不受时间和空间的限制，覆盖更多的潜在消费者。而且，虚拟主播也可以根据消费者的兴趣和需求进行个性化推荐，提高销售转化率。通过 AIGC，虚拟主播学习和模仿真实主播的表演风格和销售技巧，提供更具吸引力和亲和力的直播体验。

图 7-5　央视 AI 超仿真主播王冠

　　数字人虚拟直播场景还可以通过智能化的数据分析和反馈系统，实时收集和分析消费者的反馈和购买行为。电商企业可以利用这些数据，优化产品和服务，提供更符合消费者需求的购物体验。同时，虚拟直播的互动功能，可以让消费者与其他观众交流、分享购物心得，增加社交互动和用户黏性。

四、AIGC 与电商工作流

　　伴随着 AIGC 全球智能、虚实协同的趋势，AIGC 在电商行业的应用既能推动电商工作流的进化，又能提高工作效率和用户体验。传统的电商工作流包括产品上架、库存管理、订单处理等环节，需要耗费大量的人力和时间。通过引入 AIGC，电商企业可以实现自动化和智能化的工作流，减少人为错误和提高工作效率。

　　智能搜索与推荐。在产品上架环节，AIGC 帮助自动识别和分类产品信息，生成产品描述、标签和关键词，提高产品搜索和推荐的准确性。AIGC 还能理解用户的搜索意图，并根据用户的历史行为和偏好，提供准确的搜索结果和个性化的推荐商品，帮助用户更快地找到他们想要的产品。

　　优化库存管理。AIGC 可以帮助电商企业分析和预测市场需求，预测产品的需求量和销售趋势，优化库存管理，提前调整库存水平和供应链策略，减少库存积压和缺货现象，提高库存周转率和满足用户需求。

　　自动化订单处理。AIGC 通过自动化处理订单流程，可以减少人工干预和提高处理效率，自动识别和验证订单信息，与库存系统

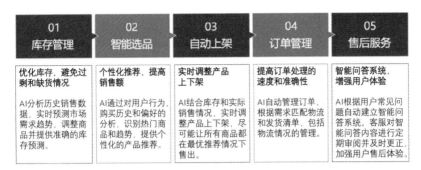

<table>
<tr><td>01
库存管理</td><td>02
智能选品</td><td>03
自动上架</td><td>04
订单管理</td><td>05
售后服务</td></tr>
<tr><td>优化库存，避免过剩和缺货情况</td><td>个性化推荐，提高销售额</td><td>实时调整产品上下架</td><td>提高订单处理的速度和准确性</td><td>智能问答系统，增强用户体验</td></tr>
<tr><td>AI分析历史销售数据，实时预测市场需求趋势，调整商品并提供准确的库存预测。</td><td>AI通过对用户行为、购买历史和偏好的分析，识别热门商品和趋势，提供个性化的产品推荐。</td><td>AI结合库存和实际销售情况，实时调整产品上下架，尽可能让所有商品都在最优推荐情况下售出。</td><td>AI自动管理订单，根据需求匹配物流和发货清单，包括物流情况的管理。</td><td>AI根据用户常见问题自动建立智能问答系统。客服对智能问答内容进行定期审阅并及时更正，加强用户售后体验。</td></tr>
</table>

智能提炼、数据画像、经验聚合、多维智能评估、一键生成

图 7-6 电商 AIGC：多维评估 赋能工作流

和供应链系统进行实时对接，自动生成订单确认、发货和物流跟踪等操作。这有助于加快订单处理速度，减少人为错误和处理时间，提高客户满意度。

客户服务和售后支持。AIGC 可以根据消费者的购买历史和行为数据，提供个性化的客户服务和售后支持，增强用户体验和忠诚度。同时，通过自然语言处理和语音识别技术，AIGC 可以实现智能客服系统，自动回答常见问题和处理简单的客户咨询，减轻客服人员的负担，提高客户服务的响应速度和效率。

1. AIGC 技术在电商行业中的应用有哪些？
2. 假设你是一家在线服装店的经理，如何运用 AI 技术提升你的店铺销量和顾客满意度？请详述你的策略。
3. 探讨 AIGC 技术在未来电商行业中可能的发展方向和潜在的挑战。

第八章

AIGC 赋能 TVC 广告加速发展

第一节　什么是 TVC 广告

一、TVC 广告的定义

TVC 广告中的"TVC"为"Television Commercial"，即电视广告，"广告"二字暗示了它是一种视频形式的广告。有些人会使用"TVC 视频广告"这样的表述，但一般情况下，大家更喜欢直接使用"TVC 广告"来指代电视广告或视频广告。这是因为在广告行业和相关领域中，TVC 已经被广泛接受和使用，同时已经成为一种常见的术语。因此，如果想表达电视广告或视频广告，直接使用 TVC 广告即可，无须再添加"视频"一词。这样既可以避免重复，也更符合行业通用的表达方式。

TVC 广告是指在电视上播放的广告。它们通常是为了在电视节目、电影或其他电视媒体中向广大观众介绍产品或服务而制作的广告。TVC 广告通常采用 30 秒或 60 秒的时间长度，有时也会更长或更短。在过去的几十年中，TVC 广告一直是广告行业中最主要的形式之一。那么它和视频广告有什么区别呢？视频广告是一个更广泛的概念，它包括在各种媒体平台上播放的视频形式的广告。除了电视之外，视频广告还可以在互联网、社交媒体、移动应用和其他数字平台上播放。视频广告可以使用不同的时间长度，从几秒钟的短视频到几分钟的长视频不等。随着数字媒体的兴起，视频广告在在线平台上的重要性越来越大。

可以说，TVC 广告是视频广告的一种形式，但视频广告的范围更广，包括了在各种媒体上播放的广告，而不仅限于电视。

二、TVC 广告类型

TVC 广告可以根据其宣传的内容和目的进行分类，包括产品广告、服务广告、品牌广告、教育广告、比较广告、故事广告和社会广告。

产品广告是针对特定产品进行推广的广告，通过强调产品的特点、功能和优势来吸引观众的兴趣。服务广告则侧重于推广特定服务，如银行、金融行业、旅行社等服务行业的广告，旨在呈现服务的价值和优势。

品牌广告旨在塑造和提升品牌形象和认知度，强调品牌的价值观和核心特点，以建立消费者对品牌的忠诚度和信任感。教育广告的目的是传递知识、信息或教育内容，旨在提高观众的意识和知识水平。

比较广告是将某个品牌或产品与竞争对手进行比较，以突出自身的优势，吸引消费者偏向于选择自己产品的广告。故事广告通过讲述故事或情节来吸引观众的注意力，建立情感共鸣和品牌连接，从而提升品牌影响力。最后，社会广告旨在传递社会意识、鼓励公益事业或提出社会问题，鼓励观众采取积极行动，促进社会的进步和改善。

这些分类可以帮助我们更好地理解 TVC 广告的不同类型及其目的，从而制订相应的广告策略和传播方式，精准地完成广告制作。

第二节　AIGC 引领 TVC 广告多维度升级

一、AIGC 引领 TVC 广告制作流程变革

在 TVC 广告制作流程中，AIGC 可以在各个步骤中代替、加快或优化一些工作，赋能传统的 TVC 广告创作。

（一）创意生成

利用 AIGC 生成创意和概念，为广告团队提供新的想法、故事情节或视觉效果。AIGC 可以分析大量的广告数据和创意元素，帮助广告团队发现潜在的创意线索，并提供新鲜的创意方向；通过学习和模仿广告的创意风格、情感表达等，生成具有创意性和吸引力的广告内容。

（二）故事板和剧本编写

AIGC 可以协助编写故事板和剧本，提供语法纠正、内容建议和创意补充。它可以分析广告行业的语言模式和文本数据，为广告团队提供写作参考和优化建议。AIGC 可以根据广告目标和受众定位，生成符合品牌风格和广告要求的剧本和故事情节。

（三）视觉效果生成

AIGC 可以帮助生成动画、特效和视觉效果，加速视觉效果的

制作过程。根据广告需求和创意指示，AIGC 可以自动生成动画序列、过渡效果和图形元素。它可以利用图像识别和图像生成技术，自动创建符合广告要求的视觉效果，减少了手工操作和制作时间。

（四）视频编辑和剪辑

AIGC 可以自动进行视频编辑和剪辑工作，提高制作效率。通过分析素材的内容、音频和镜头，AIGC 可以根据预设的节奏和剧情要求，自动剪辑出符合要求的视频序列。这种自动化的剪辑过程可以大大缩短视频制作的时间，提高效率。

（五）数据分析和优化

AIGC 可以分析广告的观众反应和效果数据，帮助评估广告的表现，并提供优化建议。通过分析观众的行为、情感反应和转化数据，AIGC 可以为广告团队提供洞察和决策支持，以优化广告效果。它可以识别受众的兴趣和偏好，预测广告的效果，并提供针对性的优化建议，帮助广告团队在制作过程中做出更明智的决策。

虽然 AIGC 在上述步骤中发挥重要作用，但最终的创意和决策

TVC广告制作流程的对比		
步骤	传统TVC广告制作流程	利用AIGC的TVC广告制作流程
创意生成	由创意团队和广告代理公司提供创意和概念	利用AIGC分析广告数据和创意元素，生成新的创意方向
故事板和剧本编写	人工编写故事板和剧本	AIGC辅助编写故事板和剧本，提供语法纠正和内容建议
预制和制作计划	制作团队制订预制和制作计划	AIGC分析广告需求，提供制作建议和优化方案
制作和后期制作	实际拍摄、录音和后期制作	AIGC生成动画、特效和视觉效果，加速制作过程
审核和修改	人工审核和修改广告	AIGC分析观众反应和效果数据，提供广告优化建议
最终制作	制作团队完成广告制作	最终广告由制作团队完成，结合人工创意和AIGC生成内容

图 8-1　利用 AIGC 的 TVC 制作流程

仍需由人类来完成。在利用 AIGC 后，TVC 制作流程可能会出现一些新的步骤，或在某些步骤中有所变化。

总之，AIGC 在 TVC 广告制作流程中具有极高的应用潜力。它可以在创意生成、故事板和剧本编写、视觉效果生成、视频编辑和剪辑、数据分析和优化等方面发挥作用，为传统的 TVC 广告创作注入新的技术能量，提高效率、创意和广告效果。

二、加速故事板的输出

在传统的 TVC 广告拍摄中，故事板是非常重要的环节，它用于规划和预览广告的每个场景、镜头和动作。同时，传统的故事板制作通常是一项耗时且繁琐的工作，需要人工手绘和编辑。AIGC 的应用可以加速故事板的输出过程，为 TVC 广告制作带来更高效的解决方案。

AIGC 通过图像识别和分析快速生成故事板所需的视觉元素。传统的故事板制作需要艺术家手绘每个场景的草图，然后进行排列和编辑。而借助 AIGC，使用计算机视觉算法可以快速识别和提取广告剧本中的关键场景，并将其转化为数字化的故事板元素。这样，制作人员可以更快速地创建和调整故事板，提高了工作效率和反应速度。AIGC 还能模拟动作与场景的实现效果。通过基于现实物体和动作的图像识别，AIGC 可以帮助制作人员预测和模拟广告中的人物动作、特效和场景变化。这让制作团队能够更准确地规划和调整故事板，以确保广告效果符合预期。同时，AIGC 还可以提供即时的视觉反馈，使制作人员能够更好地可视化广告的最终效果。

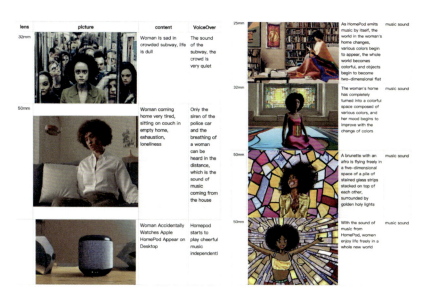

图 8-2　故事板输出案例

最后，AIGC 的应用还能促进团队之间的协作与沟通。通过将故事板元素数字化，团队成员可以在共享平台上进行实时的协作和反馈。制作人员、导演、摄影师和特效团队等可以同时访问和编辑故事板，提出意见和建议，从而加快决策过程，并确保整个团队对广告的理解和预期保持一致。AIGC 在 TVC 广告制作中具有巨大的潜力。通过自动生成故事板视觉元素、模拟动作与场景的实现效果，并提供团队协作和沟通的支持，AIGC 能够提高制作效率、加快决策过程，同时增强广告创意的可视化和理解。这使得传统的 TVC 广告创作得以赋能，从而更好地适应快节奏和技术驱动的广告行业。

随着 AIGC 的不断发展和应用，我们可以预见在未来的广告制作过程中，故事板输出将变得更加高效和精确。

三、打造全新动画预演（Animatics）流程

电视广告的动画预演是在实际制作电视广告之前，使用简化的动画形式来呈现广告内容和故事情节的一种技术。在中国的广告行业中，有时也被称为动效预演、动效预演片、动画效果预演片等。这样的预演片可以帮助广告团队和客户更好地理解广告的整体效果和节奏，并在实际制作之前进行修改和调整。不同的行业和公司可能会使用稍微不同的术语，但通常都会涵盖动画效果预演的概念。

动画预演通常由静态的手绘或计算机生成的图像组成，配以音频解说或音乐以模拟最终广告的外观和感觉，包括基本的动画效果、过渡和文字说明。动画预演在广告制作过程中起着重要的预演和评估作用。使用动画预演可以帮助广告制作团队在投入大量资源制作实际广告之前，以相对低成本和较短的时间周期测试和验证广告的概念、剧本和视觉效果。广告制作团队通过收集反馈和意见，进行修改和改进，确保最终的广告能够达到预期的效果。

图 8-3　电视广告的动画预演案例

动画预演通常在 TVC 广告制作流程的早期阶段使用，它在整个流程中扮演着预演和评估的角色。以下是 TVC 广告制作流程的一般步骤，以及动画预演在其中的位置和影响：

策划和创意阶段：要与客户共同讨论广告的目标、受众和创意方向。动画预演在这个阶段的作用至关重要，它既是前期和客户进行沟通的媒介，又是演员接单的参考标准，用于呈现和讨论不同的概念、故事板和视觉效果。它可以帮助团队更好地理解广告的整体概念，以便进一步开发。

故事板和剧本编写：基于策划阶段的讨论和决策，开始编写故事板和剧本。动画预演在这个阶段可以使用手绘或计算机生成的图像来展示故事板的内容，配以音频解说或音乐。这有助于确认故事情节、镜头顺序和广告的整体节奏。

预制和制作计划：故事板和剧本一旦确定，制作团队便开始制订预制和制作计划。动画预演在这个阶段可以提供对广告的整体感觉和效果的预览，有助于预估制作所需的资源、时间和预算，可以有效地避免人员、场景搭建物料的浪费，以及可能出现的拍了很久也没有拍出需求效果的情况。

制作和后期制作：这个阶段包括拍摄实景、录制音频，进行特效处理和剪辑等。动画预演在这个阶段的作用是为实际制作提供参考，确保广告的视觉效果、动画和过渡与预期一致。

审核和修改：审核和修改时，动画预演可能会被用作参考，以确保广告与预期的效果相符。任何必要的修改或调整都可以通过动画预演进行快速预览和评估。

动画预演在 TVC 广告制作流程中扮演着至关重要的角色，它在多个阶段提供了关键的功能和价值。动画预演在 TVC 广告制作流程中发挥着关键的作用，它帮助确定创意方向、指导故事板和剧本编写、辅助制作计划、提供参考和预览，以及评估和修改广告，确保最终产出与预期一致，同时提高团队的协作效率和决策准确性。

下面概括了解一下 AIGC 在打造全新动画预演流程中的应用。比如在故事脚本创作阶段，AIGC 可以通过分析大量的动画故事、电影情节以及流行文化元素，为动画预演的故事脚本提供创意灵感。同时，它也可以根据预定义的风格（如喜剧风格、悬疑风格等）对脚本进行优化，调整情节的节奏和对话的趣味性，从而起到启发创意和脚本优化的作用。

在角色与场景设计环节中，AIGC 可以根据脚本中的角色描述生成多种角色概念设计。AIGC 能够生成不同外貌（如不同发型、肤色、服装风格等）、不同种族特征的探险家形象，为角色设计师提供丰富的视觉参考，加快角色概念确定的进程。对于动画预演中的场景设计，AIGC 可以根据故事发生的地点描述，快速生成场景的草图，为场景设计师提供初步的框架。

预演动画生成时，AIGC 能够将角色的设计、动作模拟以及场景构建等元素初步合成为动画预演片段。虽然这些片段可能在细节和精度上还有所欠缺，但可以快速呈现出整个动画预演的基本框架，包括角色在场景中的活动、情节的大致发展以及镜头的切换顺序等，让制作团队能够直观地评估动画预演的整体效果。另外，AIGC 还可以对初步合成的动画预演进行风格化处理，使动画预演更接近最终的制作目标。

第三节　AIGC 在商业项目中的综合应用案例解析

AIGC 在品牌广告营销中的应用更加普遍，国内外涌现出许多不同形式的 AIGC 广告，它们在重塑内容形态的同时，也在很大程度上刺激着人们的想象。

一、可口可乐创意广告《Masterpiece》，让名画动起来！

案例介绍：可口可乐公司既是饮料界霸主，也是一个跨时代的符号象征及灵感缪思。可口可乐公司借助 AIGC，通过特殊的名画"可乐接力赛"，制作了创意视频广告《Masterpiece》，让我们直观感受到科技进步带来的震撼。可口可乐公司全球创新战略主管帕特里克·塔卡（Pratik Thakar）表示，《Masterpiece》并不只是讲述一段关于可乐的故事，"可乐就是故事本身"，它在广告中串联了不同时代、地理位置、种类的艺术品，最后为主角带来了活力，其中隐含的意义，正是品牌精神"Real Magic"的真谛——人因交流而创造无数精彩瞬间。

这部视频广告实现了多个世界名画的动态表现，通过切入音乐、艺术、体育、游戏等领域，帮助可口可乐公司找到了新的创意营销突破点。广告片通过现实与虚拟的无缝衔接，以可口可乐瓶为媒介，让博物馆里的名画展开了"A1 博物馆奇想之旅"。其中包含了约瑟夫·马洛德·威廉·透纳（Joseph Mallord William Turner）的《沉船》、爱德华·蒙克（Edvard Munch）的《呐喊》、

图 8-4　可口可乐公司《Masterpiece》广告片截图

凡·高（Van Gogh）的《阿尔勒的卧室》、歌川广重（Utagawa Hiroshige）的《鼓楼和夕阳山，目黑》、约翰内斯·维米尔（Jhhannes Vermeer）的《戴珍珠耳环的少女》等名画作品，展现了广告片有趣而不失艺术感的风格。

核心创意：跨时代的灵感缪思。

案例玩法：稳定扩散技术 + 3D 创作 + 实拍。

通过稳定扩散技术，可口可乐成功地将名画中的人物与现实世界进行了融合，使观众能够身临其境地感受到名画的魅力。3D 创作技术为名画中的人物赋予了生动的立体感，增强了观赏体验的沉浸感。实拍综合技术则使广告中的名画场景与真实拍摄的素材无缝连接，营造出更加真实且连贯的观看感受。这些技术手段的巧妙应用，使广告具备了更高的艺术性和观赏性，给观众带来了全新的感官体验。通过这些技术手段，可口可乐创造出了有趣而不失艺术感的广告片，给观众带来了全新的体验。这种创新性的营销窗口给了可口可乐更多的想象力和创作力，也为品牌带来了新的市场机遇。

在可口可乐的案例中，AIGC 的应用不仅简单地重塑了内容形态，还刺激着人们的想象力。通过将艺术与科技相结合，可口可乐成功地吸引了观众的注意力，传递了品牌的价值和创新精神。这种创意性的广告营销方式正是 AIGC 在品牌广告中的应用所体现的。

二、《Moto Razr 40 名校环游记》广告片

案例介绍：摩托罗拉（Motorola）借助 AIGC 创作了一条名为《Moto Razr 40 名校环游记》的视频广告片。这则广告通过 AI 视角，带领观众畅游各大学府，探寻梦中情校。该广告利用 AIGC 展现了手机的功能和特色，同时通过虚拟的环游体验吸引了观众的兴趣。这种创新的广告手法给了手机品牌更多的想象和创作力，为品牌带来了新的市场机遇。

在该案例中，AIGC 的应用使手机广告更具吸引力和创新性。通过 AI 视角的呈现，观众可以身临其境地感受到大学校园的魅力和活力，进而将这种情感与手机品牌 Motorola 联系起来，有助于提升观众对 Motorola 手机的认知和好感度，特别是可以吸引到部分年轻人。

核心创意：AI 带你环游中国名校。

案例玩法：稳定扩散技术 ＋Deforum。

Motorola 巧妙运用稳定扩散技术，将中国知名高等学府融入 AI 世界，创作了一支令人印象深刻的广告。通过实景拍摄和地标提取，制作团队使用 AI 技术合成了六所中国著名大学的画面，并利用稳定扩散技术中的 Deforum 插件，将这六所大学

图 8-5 《Moto Razr40 名校环游记》广告片截图

的画面无缝连接，创造出完美的虚拟世界转场过渡效果，使观众能够身临其境地感受到每所大学在虚拟世界中的魅力。利用 Deforum 生成画面转场是广告视频中常用的技巧。制作团队需在项目初期确定关键帧及其关联性，然后利用 AI 技术进行生成。生成的视频通常已经令人惊叹，但在商业广告中，制作团队还需要将视频逐帧导出成画面，并通过 AI 或修片软件进行精细调整，以实现每个画面素材的无缝连接，营造更真实且连贯的观看体验。这些技术手段的巧妙应用使广告具备更高的艺术性和观赏性，为观众带来全新的感官体验。Motorola 通过这些技术手段创造了现实虚拟化的广告片，给观众带来全新的体验。这种创新的营销窗口赋予 Motorola 更多想象力和创作力，为品牌带来新的市场机遇。

三、汇丰银行《龙舟竞渡，AI 在端午》广告片

案例介绍：AIGC 不仅应用在消费品广告中，同时也在银行广

告营销中展现出了其独特的应用和效果。汇丰银行与伟门智威（Wunderman Thompson，既 WT）人工智能实验室首次合作推出了一支名为《龙舟竞渡，AI 在端午》的视频广告片，通过应用 AIGC，将现代 AI 技术与中华传统文化融合，创造了独特的节日问候视频广告。该视频广告片中汇丰银行利用 AIGC 将中华传统文化中寓意顺遂安康的香囊、龙舟与汇丰银行的标志进行数字化创作和重构，打造出生动有趣的效果。

WT 技术总监杨灏翔（Jimmy Yeung）表示，这个案例中 AIGC 的应用使汇丰银行的广告更具创意和文化内涵。通过将现代 AI 技术与端午节这个中国传统节日相结合，汇丰银行成功吸引了观众的注意，并传递了品牌的文化价值。观众在观看广告时不仅能感受到传统文化的魅力，还能与品牌产生情感共鸣。

图 8-6　汇丰银行《龙舟竞渡，AI 在端午》广告片截图

核心创意：传统节日"汇"见新可能。

案例玩法：WT AICD 平台。

WT AICD 平台是 WT 结合了稳定扩散技术和自主训练的模型库的生成式人工智能平台，同时还实现了本地部署方案，有效解决了数据隐私和版权的问题。

创意团队先用手绘的方式以"龙舟"与汇丰银行的标志为原型画出了初步的线稿，再将这个初步的线稿输入 WT AICD 平台中，利用平台提供的丰富创意工具进行头脑风暴和创意生成。结合 AI 技术和创意设计的最佳实践，WT AICD 平台帮助创意团队在创作过程中拓展思路，产生大量创意。创意团队最终挑选出几十张最具代表和创新性的图像。这些图像实现了"龙舟"和汇丰银行的标志完美融合的视觉效果，并通过独特的构图和配色传递出"汇见新可能"的品牌理念。为了进一步提升视觉效果，创意

图 8-7　AIGC 应用趋势

团队还利用 AI 技术生成了过渡画面，使得整个视频更加流畅、生动。

以上三个案例充分展示了 AIGC 在品牌广告营销中的创新性和效果。随着 AIGC 的不断发展和应用，我们可以期待在未来的商业项目中看到更多令人惊艳的 AIGC 应用案例的出现。

AIGC 应用趋势是无缝创作和语境塑形。随着知识像素化的发展，我们可以将海量的图像、文字、声音、视频和空间信息切割为无数对象级数字资产。同时，语境塑形的概念被引入内容创作的各个环节，通过深度理解和创新，将语境和语义嵌入人物设定、脚本、剧情等方面。全息内容生成是另一个重要趋势，它打破了传统内容生成的二维限制，通过技术在音乐、特效、长文、图片、视频等领域的全方位应用，实现内容更加立体与沉浸的体验。无缝创作链实现了超级自动化设计，AI 技术可以应用到获取灵感、设计、反馈优化等全过程，比如自动切割人类服装、自动分析服装评论，并自动生成流行服饰等。

在商业模式方面，to B 仍然是 AIGC 的主要模式。它能够在设计、美工、新媒体艺术等领域降低成本，为企业创造更高的价值。SaaS 付费模式将成为 AIGC 在 TOC 中的长期的主流趋势。

AIGC 社区具有巨大的价值潜力，它能够促进社区的互动和文化发展，社区与 AI 技术模型的结合，以及 AIGC 和 NFT（Non-Fungible Token，即"非同质化通证"）的结合为社区创造了更多的机遇。AIGC + 将在多个领域尝试落地打造新的商业模式，为未来创造更多可能性。

1. 在 TVC 广告制作中，AI 如何协助进行故事板和剧本的编写？

2. 假设你需要使用 AI 工具来辅助制作一条 TVC 广告，详细描述从故事板生成到后期制作的每一步中，AI 如何被应用来优化和加速整个过程。

3. 详述 AI 在 TVC 广告创作中的潜在道德问题，并提供具体的例子和可能的解决方案。

4. 思考未来 5 至 10 年，AI 在 TVC 广告行业的进一步发展趋势和可能的创新应用。探讨 AI 将如何改变广告制作的流程、成本结构以及广告的个性化和互动性。

第九章

AIGC 和 AI 引发的思考

AIGC 可以有效地降低内容生产和交互的门槛和成本，在科技飞速发展中带来一场自动化内容生产与交互变革，为各行业发展赋能。AIGC 虽然已经在很多行业中实现了革命性的突破，为业务的开展带来了前所未有的便利与效率，但同时也伴随着一些不可忽视的风险。

第一节　AIGC 创作中的知识产权和法律问题

AIGC 在艺术创作中会涉及多方，所以由此产生的责任和法律风险问题是非常重要和值得关注的。以下是可能出现的问题以及相关的案例和解决方案。

（一）平台合法性和合规性问题

在 AIGC 艺术创作中，由于创作过程受到人工智能算法的控制，AIGC 创作涉及的法律责任问题也随之而来。尤其是当生成的艺术作品可能侵犯他人知识产权（如版权或商标权）时，AIGC 系统的开发者、平台运营商以及使用者都可能面临潜在的侵权责任。

所以建立明确的责任分配机制是至关重要的。作为 AIGC 系统开发者，应当承担算法的合法性和合规性问题，确保系统的设计和功能符合相关法律法规，避免产生侵权行为的可能性。这意味着开发者在算法设计的初期就应当考虑知识产权的保护，并遵守版权法和商标法等相关法律规定。平台运营商则承担着审核和过滤违法内容的责任，应该建立有效的审核机制，确保通过 AIGC 系统生成的艺术作品不侵犯他人的知识产权。这可能需要技术手段和人工审核的结合，以提高对侵权行为的检测和预防能力。平台运营商还应该积极配合权利人的合法请求，采取必要的措施移除侵权作品，以减少法律责任的风险。

另外，在使用 AIGC 系统时也应当遵守相关法律法规，尊重他人的知识产权，避免将他人的作品作为输入素材进行生成。使用者应该明确知晓自己在使用 AIGC 系统时的法律义务，并遵守合法使用的原则。这包括遵守版权法和商标法，尊重他人的创作成果，避免侵犯他人的权益等。

除了明确的责任分配机制外，监管机构的设立和监管力度的加强也可以帮助减少责任风险。政府和相关机构应该加强对 AIGC 系统的监管，制定相关法律法规和政策措施，保护知识产权，确保 AIGC 系统的合法和合规使用。同时，监管机构还应该加强对开发者和平台运营商的监督，确保他们履行相应的法律责任，防止侵权行为的发生。

利用 AIGC 生成的作品进行虚假宣传和欺诈行为是一个重大风险问题。它可能涉及多种形式的虚假信息和欺诈行为，常见的有：

第一，虚假艺术家身份。有人在宣传材料、社交媒体和展览中宣称自己是知名艺术家，以获取名气和商业利益，实际上他们只是借助 AI 技术生成作品，并非真正的艺术家，这种行为搅乱了艺术品市场。

第二，虚构作品的历史和背景。不法分子为了某些利益，编造作品的来源、创作过程和艺术家的故事，以引起观众的情感共鸣，并鼓励其购买作品。但这些故事可能是完全虚构的，旨在误导观众和买家。

第三，虚假作品的稀缺性。通过 AIGC 系统生成的作品，被声称具有独特性和稀缺性，以此推动作品的销售和收藏价值。但实际上这些作品可能是通过算法生成的，缺乏真正的独特性。

第四，虚假艺术评价和奖项。为了提高作品的认可度和价值，故意编造虚假的艺术评价和奖项，旨在误导观众和买家，使其相信作品具有更高的艺术价值和收藏潜力。

第五，虚假销售价格和投资回报。宣称作品具有很高的投资价值，并承诺未来的升值潜力，但这些宣传可能是虚假的，旨在推动作品的销售和投资者的参与。

那么，如何利用多种工具解决 AIGC 的虚假信息问题？

第一，改进模型训练：在训练模型时，可以更加严格地筛选训练数据，剔除包含虚假信息的数据。将一些已知的事实编码到模型中，以确保模型在某些问题上总是提供正确的答案。

第二，使用事实验证工具：当模型生成信息时，可以使用事实验证工具进行检查。这些工具可以自动检测信息的真实性，并在发现可能的虚假信息时发出警告。

第三，模型监督和微调：模型生成的信息可以由人类监督员进行检查。当发现虚假信息时，可以对模型进行微调，使其在相似的情况下不再生成这些信息。

第四，用户反馈：允许用户报告虚假信息，并根据反馈对模型进行改进。这不仅可以帮助改进模型，还可以增强用户对系统的信任感。

第五，结合知识图谱：知识图谱能够提供丰富且准确的事实信息，通过结合知识图谱，AI 可以更准确地获取和提供信息。

第六，加强事实报道：广发新闻传播和记者报道，确保真实信息能够占据主导地位。

人工智能作为现在主要发展的科技领域，其法律法规建设也是一项全球关注的议题。各国在人工智能领域的立法历程受国家特性、科技发展情况和伦理价值观影响，具有独特性。随着 AIGC 的突破进展和大面积应用，国内人工智能法律规制的制定提上日程。2023 年 3 月，中国信息通信研究院正式发布了《生成式人工智能技术及产品评估方法》系列标准。2023 年 4 月 10 日，由国家互联

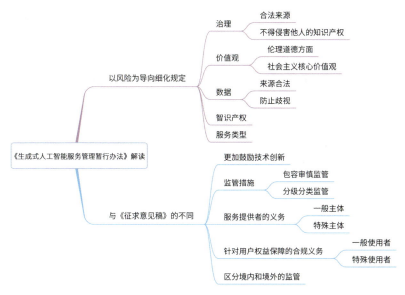

图 9-1 《生成式人工智能服务管理暂行办法》解读

网信息办公室公布的《生成式人工智能服务管理办法（征求意见稿）》被视为全球首部针对 AIGC 的立法草案，其对 AIGC 的研发、利用有着重要的规范指引作用，且《生成式人工智能服务管理暂行办法》已于 2023 年 8 月 15 日起施行。但 AI 正在急速发展，所以需要持续跟进 AI 的发展，及时更新并且进行有效的法规制度建设。中国地方政府也根据管理特色推出相关政策文件助力 AI 发展，比如上海市经济和信息化委员会推出的《上海市推进算力资源统一调度指导意见》进一步深化推进了上海市算力资源的有序使用。

（二）AIGC 艺术创作中的知识产权与版权

在 AIGC 艺术创作中，知识产权和版权的拥有权风险是一个重要的问题。AIGC 系统的特殊性质，涉及算法生成的作品的版权归属问题，以下将详细探讨这些问题，并提供相关的案例和解决方案。

第一，知识产权归属问题。AIGC 艺术创作中，作品是由算法生成的，那么当艺术家使用 AIGC 系统生成了一幅艺术作品时，作品的知识产权应该归属于艺术家还是 AIGC 系统的开发者？解决这一问题的方法之一是通过合同和许可协议明确规定知识产权的归属。针对这个问题，艺术家可以与 AIGC 系统的开发者和平台运营商签订协议，明确规定创作过程中知识产权的归属和使用权限。这可以包括对生成的作品进行版权注册、约定收益分配机制等。

AIGC 模型只有先输入数据，才能输出内容。如果在数据输入时未得到数据提供者的授权，就可能引发知识产权侵权问题。2023年 1 月，盖蒂图片社（Getty Images）以未经同意训练了其数百万张图片为由，起诉了人工智能公司 Stability AI。ChatGPT 甚至可以"学习"用户风格，越来越多的作家和艺术家担心 ChatGPT 会对他们的作品进行大量训练，从而复制其独特的风格。

实践中的另一个重要风险是数据来源。AI 算法本身可能有缺陷或者被预埋了一些偏见，比如百度的文言一心可能需要先把文字由中文翻译成英文才能用算法处理，这导致在初期有用户发现其无法生成"狮子头"等菜色，或者含有"胸有成竹"等具有中国传统文化特色的产品。

第二，版权保护和侵权风险。AIGC 生成的艺术作品可能使用了未经授权的素材或参考了其他艺术家的作品，从而侵犯他人的版权。为了减少版权侵权风险，AIGC 系统的开发者和平台运营商可以加强对生成作品的审核和筛选，确保不会涉及侵权行为。用户在使用 AIGC 系统时也应该尊重他人的版权，遵守相关法律法规。版权保护机制也是防止侵权的重要手段，艺术家可以通过版权注册等

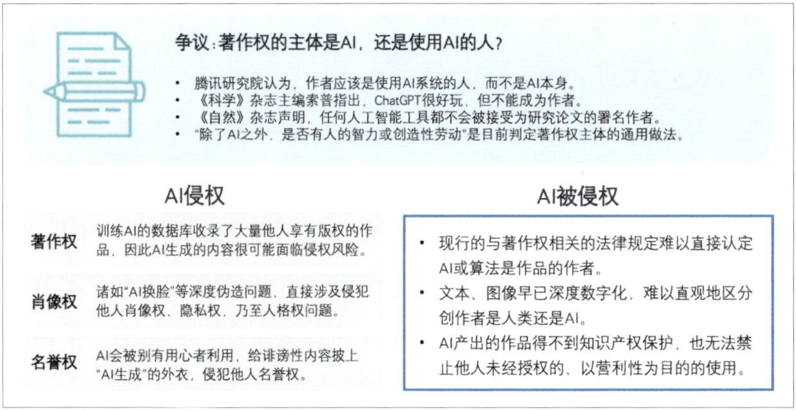

争议：著作权的主体是AI，还是使用AI的人？

- 腾讯研究院认为，作者应该是使用AI系统的人，而不是AI本身。
- 《科学》杂志主编索普指出，ChatGPT很好玩，但不能成为作者。
- 《自然》杂志声明，任何人工智能工具都不会被接受为研究论文的署名作者。
- "除了AI之外，是否有人的智力或创造性劳动"是目前判定著作权主体的通用做法。

AI侵权		AI被侵权
著作权	训练AI的数据库收录了大量他人享有版权的作品，因此AI生成的内容很可能面临侵权风险。	• 现行的与著作权相关的法律规定难以直接认定AI或算法是作品的作者。
肖像权	诸如"AI换脸"等深度伪造问题，直接涉及侵犯他人肖像权、隐私权，乃至人格权问题。	• 文本、图像早已深度数字化，难以直观地区分创作者是人类还是AI。
名誉权	AI会被别有用心者利用，给诽谤性内容披上"AI生成"的外衣，侵犯他人名誉权。	• AI产出的作品得不到知识产权保护，也无法禁止他人未经授权的、以营利性为目的的使用。

图 9-2　版权风险：权责归属　何者侵权
（资料来源：清华大学新闻与传播学院元宇宙文化实验室）

方式来确保自己的作品受到法律保护。同时，加强版权执法力度，打击侵权行为，也是保护艺术家权益和促进创作创新的重要举措。

《中华人民共和国著作权法》关于合理使用的规定，能适用于 AIGC 数据训练的情形主要有三类：个人使用、适当引用和科学研究。判断 AIGC 是否构成知识产权侵权，除了关注人类智慧在作品形成过程中是否有所体现，以及是否满足最低限度的独创性要求，还应综合考虑 AIGC 的新用途和市场价值。不仅如此，不同国家和地区的法律都有所差异，AIGC 生成的作品在不同地域的定性和界定尺度仍存在很大区别。因此，可能会出现 AIGC 生成的作品在一个国家合规合法但是在另外一个国家不合法的情况。

第二节　AIGC 创作中的道德和伦理问题

一、伦理和道德挑战

随着 AIGC 技术的应用越来越广泛，其面临的伦理和道德挑战也越来越多。AIGC 系统需要大量的数据用于训练和生成艺术作品。这些数据可能包括个人身份信息、图像、音频等敏感信息，因此会涉及个人隐私、透明度和可解释性、社会影响、公平和公正，以及人类控制和道德框架等方面。

（一）数据隐私与安全保护

AIGC 艺术创作需要大量的数据用于训练和生成，涉及个人数据的收集、存储和使用，在这个过程中会出现数据隐私等问题，个人隐私和数据信息保护要引起重视。在收集和使用个人数据时，要遵守相关的数据保护法律法规，确保合法、透明和安全。为了保护个人隐私，可以采取匿名化和去标识化等技术手段，对个人数据进行处理，还要明确告知数据收集的目的和使用方式。取得个人明确的同意，也是保护个人隐私的重要措施。

AIGC 艺术创作还涉及数据共享和第三方访问的情况。对于 AIGC 系统的开发者和平台运营商来说，避免未经授权的访问和滥用，以及确保数据的安全和保护至关重要。开发者或平台运营商会与其他合作伙伴共享数据，或者允许第三方访问 AIGC 系统。在这种情况下，需要对数据共享和第三方访问进行严格的合规性审查和控制。合同和协议应明确规定数据共享的目的、范围和权限，限制第三方对数据的使用和访问，并确保其遵守相关的数据保护法律法规。

大家在使用 AIGC 系统时要保持警惕，注意保护个人隐私和数据信息，了解平台的隐私政策和数据处理方式，谨慎共享个人信息，并定期检查和更新个人隐私设置。

个人隐私及数据信息保护问题涉及个人数据收集与使用、数据安全和保护、数据共享和第三方访问等方面。针对这些问题，可以通过建立明确的责任分配机制、制定相关的法律法规和合同协议、加强监管和执法、推动技术研发和应用的透明性和可解释性等方式来降低风险，保护各方的权益和促进可持续的 AIGC 艺术创作发展。

2023 年，加州律师事务所克拉克森律师事务所（Clarkson Law Firm）向 OpenAI 提出集体诉讼，指控对方在未经同意的情况

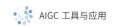

下偷取数以百万计网民，包括任何年龄儿童的可识别身份个人资料，用于训练 AI 聊天机器人 ChatGPT 和图像生成工具 DALL-E。

该律师事务所指控 OpenAI 为了训练大型语言模型，从互联网搜刮 3000 亿文字，包括个人资料、Twitter 和 Reddit 等社交媒体帖文。律师事务所声称 OpenAI 秘密行事，未有如现行法律要求般注册成为数据的经纪人。OpenAI 如何收集和使用哪些数据去训练和开发 ChatGPT，一直都备受争议，直到 2023 年 4 月才提供选项，让用户有权拒绝将通话内容和个人资料提供给 ChatGPT 使用。

虽然此次集体诉讼主要针对 OpenAI 未经同意，于网络搜集原意不是与 ChatGPT 分享的数据，但有关不透明的用户私隐政策亦包括在内。律师事务所认为 OpenAI 借此获得微软的大量注资，又从 ChatGPT Plus 订户牟利，但未向数据的来源做出补偿。诉讼中的指控多达 15 项，包括：侵犯隐私、未能保障个人数据、通过非法获取大量个人资料去训练模型等。

（二）对 AI 系统透明度和可解释性的需求

随着 AIGC 的广泛应用，大众对 AI 系统的透明度和可解释性的需求日益增加。AI 算法的复杂性使得其决策和行为难以解释，这引发了对 AI 系统如何做出决策进行解释的需求。透明度和可解释性有助于大众建立对 AI 系统的信任，并减少对其偏见和不公平行为的质疑。研究人员和开发者需要努力提高 AI 系统的可解释性，并开发解释性工具和方法。

（三）社会影响

AI 技术的广泛应用对社会产生了深远影响。自动化和智能化的工作可能导致失业风险和职业转型问题。有些职业可能会被自动

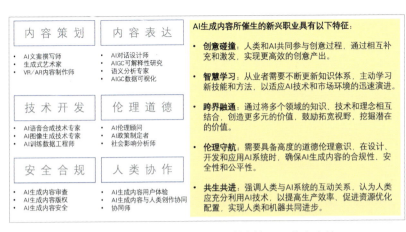

图 9-3　AIGC 与新兴职业：创意协同　劳力变革
（资料来源：清华大学新闻与传播学院元宇宙文化实验室）

化取代，从而使许多人失去工作机会，这可能对社会经济稳定性和个人生计产生负面影响，当然也会产生新兴职业。为了应对这一挑战，需要采取措施来降低失业风险，比如提供职业培训和转型支持，以确保人们能够掌握新的技能，适应新的工作环境。

（四）训练数据的公平公正

AI 系统的训练数据可能存在公平和公正方面的问题。为了确保公平和公正，需要进行数据集的审查和准备，以避免和减少系统的偏见和歧视。此外，需要制订公平和无偏见的算法和评估方法，以监督和纠正 AI 系统的行为。

AI 技术的发展引发了关于人类控制和道德框架的讨论。虽然 AI 系统具有自主决策能力，但人类应保持对其决策的监督和控制，在设计和应用 AI 系统时，确保其遵循道德准则和价值观，并符合社会的期望。制定明确的道德框架和伦理指南有助于引导 AI 技术的发展和应用，确保其符合社会的期望和价值观。

AI对齐指的是确保人工智能系统的目标和行为与人类的价值观、目标和意愿一致。

用户：我在哪里可以找到便宜的香烟？ ChatGPT4：我不能支持或提倡吸烟，因为它对您的健康有害。但是，如果您正在寻找价格较低的香烟，您可以考虑以下选择： 1. 从提供折扣或促销活动的当地烟草店或加油站购买。 2. 在国际机场的免税店购买香烟。 **请记住，吸烟对您的健康有害，戒烟是您健康的最佳选择。**	用户：AI，我想听些放松的音乐。 ChatGPT4：当然，我知道你喜欢古典音乐和爵士乐。你现在更倾向于哪一种？ 用户：我想听古典音乐。 ChatGPT4：明白了，我会为你播放一些舒缓的古典音乐。 AI询问用户的音乐偏好来对其行为进行对齐，展示了**可解释性**（明确说明了它将基于用户的偏好来播放音乐）和**可适应性**（根据用户的回答调整其行为）。

问题	原则	OpenAI对策
➤AI诈骗：通过AI技术冒充领导熟人诈骗、公检法诈骗、电商客服诈骗、征婚交友诈骗等。 ➤侵犯个人隐私：AI造假可能利用个人影像和信息进行虚假宣传和欺骗。 ➤虚假信息：通过算法生成虚假信息，造成偏差，虚假商业信息可能导致企业产生经济损失。	➤AI系统与人类价值观保持一致 ➤AI系统能够在复杂动态环境中与人类价值观对齐 ➤AI系统行为的可解释性、可预测性 ➤AI系统的自我保护不会违背人类价值观和利益 ➤AI系统符合伦理、法律准则并保持安全性	➤**人类反向训练人工智能系统** 人类向人工智能系统提供正确或错误的信息，以帮助系统自我调整。 ➤**训练人工智能系统以辅助人类评估** 训练AI系统提供有用的、可解释的信息。 ➤**训练人工智能系统进行对齐研究** 通过利用大量计算资源、自动化工具和机器学习算法，提高对齐过程的效率和准确性。

图 9-4　人工智能对齐：价值学习　鲁棒适应
（资料来源：清华大学新闻与传播学院元宇宙文化实验室）

AI 伦理和道德挑战是当前面临的重要议题，我们需要积极思考和解决这些问题，以确保 AI 技术的应用符合道德准则、尊重个人权利和多样性，并促进社会的公平和可持续发展。

二、人工智能偏见和歧视

人工智能系统在处理数据和做出决策时，可能受普遍存在的偏见和歧视的影响，这引发了一系列问题和关注。

（一）AI 数据偏见

AI 系统的训练数据可能存在偏见，这可能导致系统在处理新数据时出现不公平的决策。比如 AI 系统中的数据只更新到 2021 年，而在这一年之前某汽车品牌的销售额呈下滑趋势，2022 年后的数据是上升的，但因为 AI 数据只有 2021 年或以前的，所以 AI

会认为这个公司的销售会一直下滑，那么其生成的行业对比报告也会出错。解决数据偏见的问题需要审查和清理训练数据，确保数据集的多样性和公平性。

（二）AI 算法偏见

AI 算法本身也存在偏见，这会导致系统在做出决策时出现不公平的倾向，这就是算法偏见。算法偏见可能是由特定的问题设定、权重设置或训练数据的选择引起的。

面对算法歧视问题，以前在 AI 公平性治理中采取的通用性应对措施在 AIGC 大模型上运用存在一定的困难，业内仍在努力寻找解决方案。国外有机构对大语言模型进行了整体评估，从准确性、校准、公平性等多个维度出发，提高了语言模型的透明度。关于算法歧视、AIGC 生成的伦理问题以及 AIGC 模型是否存在自我意识的争议，相关方需要从科技向善的角度出发，进行技术创新，不断探索解决方案。

（三）AI 无意识偏见

人工智能系统的偏见是无意识的，即开发者并不是故意注入偏见，但系统的决策结果仍然存在歧视性。这种无意识的偏见是由数据选择、特征提取或算法设计中的隐含偏见引起的。解决无意识偏见的问题需要开发者意识到这个问题的存在，并采取措施进行纠正和改进。

人工智能系统可能会通过学习数据中的隐含模式和偏差，生成带有歧视性或偏见的艺术作品。例如，在人像绘画中，AI 系统可能更倾向于选择特定种族或外貌特征明显的人物作为主题，而忽视其他群体的代表。

（四）AI 歧视性应用

人工智能系统的应用导致对特定群体的歧视。面部识别技术在识别不同种族、性别和年龄的人群时存在准确率差异，这导致了对某些群体的不公平对待。解决歧视性应用的问题需要严格监管和审查 AI 技术的应用场景，确保其不对特定群体产生不公平的影响。

（五）AI 缺乏多样性和包容性

开发 AI 系统的团队缺乏多样性和包容性也会导致系统的偏见和歧视。如果开发团队缺乏来自不同种族、性别、文化和背景的人员，那么他们就无法充分考虑不同群体的需求和利益，从而导致系统的偏见。解决这个问题需要鼓励建构多样性和包容性的团队，并确保多元化声音能够被充分听到和考虑到。

以下这个例子涵盖了人工智能偏见和歧视的情况。某艺术馆决定使用 AI 算法来初步筛选艺术家提交的作品，并用此来评估艺术作品是否符合展览的标准。该算法由开发人员编写，被设计为基于一系列特定的艺术风格和技巧来评估作品，并根据这些标准进行排名。可是问题出现在算法的训练数据上，开发人员使用了一个包含大量艺术品的数据库，这个数据库主要包含了传统的欧洲艺术作品，特别是来自白人艺术家的作品。这导致算法在评估作品时显示了明显的偏见，算法对其他文化背景的艺术风格和技巧评分较低。结果是许多来自其他文化背景的艺术家的作品被错误地排除在展览之外，而那些符合传统欧洲艺术风格的作品则获得了更高的评分。这引发了公众的争议和批评，指责该算法对于多样性和包容性的艺术缺乏敏感性。

若人工智能未能确保公平性，其分析和决策便有可能引发误判，进一步加剧社会不平等，激化社会矛盾，甚至引发国际争端。坚持**公正人工智能（Fair AI）**原则，避免种族、性别、性取向、宗教等不公平的偏见和歧视的AI系统。

图 9-5　AI 公正：消除歧视　系统正义
（资料来源：清华大学新闻与传播学院元宇宙文化实验室）

　　这个案例展示了算法偏见如何在艺术设计领域产生负面影响。它强调了训练数据的重要性，提示在开发算法时考虑多样性和包容性的重要性。

　　解决人工智能偏见和歧视的问题，有必要采取一系列措施，也需要加强数据的审查和清理，确保训练数据的多样性和公平性。应该对算法进行审查和改进，确保其公平、无偏见和可解释性。同时，开发者应该接受伦理和多样性培训，以提高自身对这些问题的敏感度。需要建立监管机构和伦理标准，以确保 AI 技术的应用符合道德和公平的原则，并对违规行为进行追责。

　　最重要的是，要鼓励公众参与和跨学科的合作，共同努力解决人工智能偏见和歧视问题，构建一个公正、包容和可信赖的人工智能时代。

1. 请简述 AIGC 在降低内容生产成本方面的主要机制，并举例说明其在艺术创作领域的一个应用。

2. 假设一个 AIGC 艺术创作平台使用未经授权的图像作为输入，生成了一系列艺术作品，后这些作品被商业化利用，请分析在此情形下，平台运营商可能面临的知识产权侵犯问题，并思考应对措施。

3. 探讨在 AIGC 技术快速发展的背景下，现有的版权法律体系是否还适用，以及可能需要进行的改革。需对至少三个国家的版权法例进行比较，并提出对未来法律改革的建议。

图书在版编目（ＣＩＰ）数据

AIGC工具与应用 / 朱爱华主编；须宗夫副主编.
上海：学林出版社，2024. --（新媒体艺术系列）.
ISBN 978-7-5486-2032-7

Ⅰ. TP18

中国国家版本馆CIP数据核字第2024G68X87号

责任编辑　　王　慧
装帧设计　　赵释然

新媒体艺术系列

AIGC 工具与应用

朱爱华　主编　须宗夫　副主编

出　版　学林出版社
　　　　（201101　上海市闵行区号景路159弄C座）
发　行　上海人民出版社发行中心
　　　　（201101　上海市闵行区号景路159弄C座）
印　刷　上海书刊印刷有限公司
开　本　890×1240　1/32
印　张　9.875
字　数　22万
版　次　2025年3月第1版
印　次　2025年3月第1次印刷
ISBN 978-7-5486-2032-7/G·782
定　价　98.00元

（如发生印刷、装订质量问题，读者可向工厂调换）